油公司模式下采油厂安全管理创新与实践

胡广杰 赵普春 蒋 勇 王 超 编著

U0305351

中国石化出版社

内 容 提 要

采油厂生产作业经常处于高危环境，安全管理理所应当地成为各项工作的重中之重。本书分别从塔河采油一厂安全管理概述、安全管理手段和安全管理成果三部分着手，以图文并茂的形式、用通俗易懂的语言阐述了采油厂安全管理的发展规划和管理理念，并通过理论结合案例的形式介绍了塔河采油一厂安全管理措施和经验。本书可作为相关油田企业生产安全管理人员的参考用书。

图书在版编目（CIP）数据

油公司模式下采油厂安全管理创新与实践 / 胡广杰
等编著 . —北京：中国石化出版社，2015.1
　　ISBN 978-7-5114-3170-7

　　Ⅰ.①油… Ⅱ.①胡… Ⅲ.①采油厂—安全管理
Ⅳ.① TE687

　　中国版本图书馆 CIP 数据核字 (2015) 第 018244 号

中国石化出版社出版发行

地址：北京市东城区安定门外大街 58 号
邮编：100011　　电话：(010)84271850
读者服务部电话：(010)84289974
http://www.sinopec-press.com
E-mail:press@sinopec.com
北京富泰印刷有限责任公司印刷
全国各地新华书店经销

＊

787×1092 毫米 16 开本 11.25 印张 165 千字
2015 年 2 月第 1 版　2015 年 2 月第 1 次印刷
定价：60.00 元

编委会主任：赵永贵

编　　　委：胡广杰　赵普春　蒋　勇　王　超

范岩俊　游玮琛　张鹤鹏　范　凯

蔺洪生　蒋　群　安永福

参 与 人 员：（按姓氏笔画排列）

马洪涛　仇东华　王志坚　王怀忠　王海峰

王雁飞　刘小军　乔学庆　李新勇　邢　静

刘耀宇　何世伟　杨　旭　杨　伟　严进杰

吴育飞　张春冬　杨晓明　张瑞华　周双忠

罗得国　易　斌　郭小民　钱大琥　龚建新

黄江涛　崔　利　程晓军　蔡奇峰

前　言

　　塔河采油一厂在经过多年艰苦卓越的发展后，针对目前油田安全管理普遍存在的难题，在不断地总结前期安全管理发展经验的基础上，同时汲取国内外先进的管理理论、管理思想、管理经验，引进安全管理先进的管理方法，逐步走向油田安全管理规范化和标准化的道路。

　　对于许多油田企业来讲，在安全生产管理工作中取得了一定的成绩，同时也遇到许多新情况、新问题，亟待有新的方式方法予以解决。例如，一些油田企业随着青年工人的大量增加，人员流动性很大，安全生产的严格管理与人员的自由流动形成突出矛盾；再如，一些企业安全生产管理方式日益固定化，不能顺应形势的变化，缺乏应有的变化，造成人员安全意识的麻木与淡薄，也造成管理者与被管理者矛盾冲突增多，致使安全管理走下坡路。

　　本书总结采油厂历年管理创新与实践，从油公司模式下的采油厂实际出发，通过总结提炼，确定了选题和内容，主要读者对象是油田企业安全生产管理人员和班组职工。

　　本书在编写过程中，胡广杰、赵普春和蒋勇同志提出思路、组织并参与编写，付出了大量心血，先后组织进行四次讨论，经过修改完善，最终定稿。本书第一部分由王超编写，第二部分由安永福、蒋群、范岩俊、游玮琛、张鹤鹏、范凯等负责编写，第三部分由崔利负责整理汇总。诚然，编者的能力有限、经验不足，可能会存在诸多的不足和欠缺，在此恳请参阅本书的领导、同事予以批评、指正！同时也方便后期的改版工作时加入更多、更新的知识点，为采油厂和分公司的发展尽上一点绵薄之力。

目　录

◆ 第三章 塔河采油一厂安全管理成果 〉〉〉

第一章 塔河采油一厂安全管理概述

一、基本现状

（一）地理位置

中国石化西北油田分公司塔河采油一厂位于塔里木盆地北部，距轮台县以南80km处。油区地处大漠戈壁深处，远离城市、人烟稀少、环境恶劣、条件艰苦，每年有大半年时间为风沙季节，夏季最高气温达40℃，寒冬时气温可降到零下20℃以下。

图1-1 油区一角

（二）人员构成

塔河采油一厂拥有一支年轻化、知识化、专业化，具有光荣传统、作风顽强、充满朝气、勇于创新的员工队伍，目前用工总量为1373人。其中，正式职工497人，派遣劳务用工117人，专业化服务人员759人；正式职工平均年龄36岁，有维族、回族、藏族等9个少数民族共38人。正式职工中大学本科及以上学历243人；教授级、高级职称18人，中级职称59人；高级技师7人，技师15人，高级工242人。

图1-2 晨起上班

（三）机构设置

　　塔河采油一厂按照现代油公司模式推进扁平化管理，下设7个职能科室和9个基层单位。职能科室分别为厂长办公室、党群办公室、人力资源科、生产运行科、质量安全环保科、设备物资科、计划财务科，基层单位分别为油田开发研究所、采油一队、采油二队、采油三队、采油四队、联合站、天然气处理站、油田化学研究所、井下作业项目部。

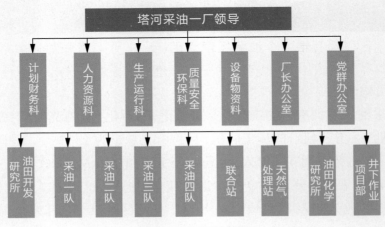

图1-3 组织结构图

（四）设备情况

塔河采油一厂管辖着联合站 2 座、天然气处理站 1 座、净化站 1 座、计转站 17 座、集气站 6 座、计量站 3 座、卸油站 1 座、污水处理站 2 座、注水站 4 座、注水回灌站 2 座，共有固定资产 6589 台（套），总资产原值 241.34 亿元，资产净值 94.16 亿元。其中，关键设备 2897 套，包含天然气压缩机 6 套、丙烷压缩机 2 台、膨胀机 2 台、螺杆压缩机 6 台、抽油机 443 台、加热炉 545 台（套）、各类容器 795 台（套）、各类机泵 1098 台（套）。

图 1-4　天然气处理站

（五）开发现状

塔河采油一厂管辖 4 个油藏经营管理区、22 个油藏开发管理单元，管辖范围涉及塔河油气田、西达里亚油气田、评价区、塔中、于奇、两顺及跃参等 7 个油气田，生产层系包括奥陶系、石炭系、三叠系、志留系及白垩系等 5 个层位，具有管理油藏类型多、开发单元多、动用区块规模小而且零散、生产管理点多面广战线长等特点。

塔河采油一厂目前探明石油及天然气地质储量 28.7×10^8 t，动用储量 25.6×10^8 t，储量动用程度 89.4%，标定采收率 18.8%，采出程度 11.3%。

塔河采油一厂共有油气水井 721 口。其中，油气井 660 口，开井 594 口；水井 61 口，开井 47 口。目前日产液 13251t，日产油 4490t，综合含水 66.1%，

日注水平均 3295m³/d，折算年自然递减率为 17.91%，折算年综合递减率为
6.49%。

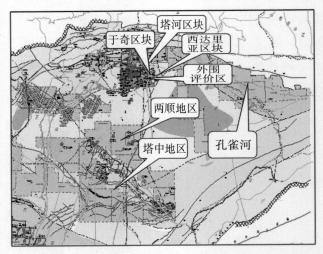

图 1-5 勘探开发现状

（六）发展历程

西北石油局自 1978 年 5 月成立以来，踏循着前人对塔里木盆地大量油
气工作的基础上，经过勘探和论证，从塔西南转移至塔北。1984 年，沙参二
井的重大突破，揭开了塔里木盆地神秘的面纱，这之后又连续获得多个重大
导向性的突破，不仅发现了塔河大油田，而且先后在 8 个层系中发现 10 多
个油气田，获得探明储量超过 $2 \times 10^8 t$。从 2001 年开始，原油产量开始突破
$200 \times 10^4 t$ 大关，经济效益逐年攀升。

2001 年 4 月，在学习借鉴国内外油藏经营管理先进经验的基础上，西北
石油局按照油公司模式改制重组，中石化西北油田分公司塔河采油一厂正式
成立。运用现代"油公司"管理模式，以采油厂为生产主体，按照"市场化运
行、项目化管理、社会化服务"的方针，以甲乙方合同制为主线，实现开发行为
市场化，通过市场运作降低开发成本，提高施工效率和管理效益，实现"三新
三高"目标。

新理念: 深化油藏经营理念,在构建投入产出清晰的油藏经营管理单元的基础上,通过深化体制改革,完善运行机制,落实管理责任,优化投资项目,细化成本管理,全面提升油藏经营管理水平,努力实现经营高效益和资源利用最大化

新体制: 组建开发项目经理部,以"生产专业化、竞争市场化、管理合同化,效益最大化"为原则,全面负责开发生产,实现组织管理扁平化和人员精干高效

新机制: 引入市场化竞争机制,推行用工社会化,实现由行政手段组织生产向市场化组织生产转变,从根本上控制生产成本,提高油藏开发效益

高速度: 紧紧抓住国际油价持续高位的有利时机,快速组织开发建设,尽快见到经济效益

高水平: 以油藏为单元,实施专业化、项目化、目标化管理,全面提升油藏经营管理水平

高效益: 牢固树立"投资讲回报"的理念,加强过程监督,控制过程节点,落实管理责任,降低开发成本,最终实现油田开发效益的最大化

图1-6 "三新三高"

图1-7 S48井文化教育基地

塔河采油一厂以科学发展观为指导,全力打造中石化名牌采油厂,大力推行精细化管理,形成了成本"水渠"管理法、安全"兵营"管理模式、9S标准化场站建设等,全面提升了生产经营管理水平。大力加强党建、思想政治工作,持续深化企业文化有形化建设,"三毛工作站"、"徐镇工作室"相继成立,成为了企业文化有形化建设的典范。

塔河采油一厂通过实施"抓班子、带队伍,抓班组、促创新,抓凝聚、促和谐,抓文化、创特色"四大工程建设,打造了一支引领力强、凝聚力强、创新力强、战斗力强的干部职工队伍,促进了采油厂科学发展、和谐发展的步伐。在"为民服务创先争优"活动中,采油厂从党员服务群众、机关服务基层、后勤服务生产、甲方服务乙方、油田服务地方等 5 个方面扎实开展工作,荣获了新疆维吾尔自治区"先进基层党组织"光荣称号。自建厂以来,塔河采油一厂连续 4 届荣获中石化"红旗采油厂",荣膺中石化"先锋采油厂",连续 5 届荣获全国"安康杯优胜企业",连续 12 届荣获"自治区级文明单位",荣获"开发建设新疆奖状"光荣称号,成为飘扬在中石化西部的一面旗帜。

图 1-8 "先锋采油厂"、"开发建设新疆奖状"揭牌仪式

二、安全管理提升的必要性

(一) 安全形势

安全是企业发展永恒的主题,但是安全也是企业发展永远的"薄弱"环节。安全是发展,安全是效益。塔河采油一厂在全厂干部职工的共同努力下,年年实现安全稳步发展,建厂至今未发生一起责任事故,基本实现了安全环保工作的总体平稳。但安全工作就像是走钢丝,时刻面临着严峻的考验,突出表现在:

1. 油藏复杂、区块分布范围广对现场生产安全提出了更高的要求

塔河采油一厂辖区内油藏类型复杂,可以说西北油田分公司管理的所有油藏区块在一厂都有分布;包括低水砂岩油藏、边水砂岩油藏、奥陶系碳酸盐岩油气藏、弱能量油藏等,5套开发层系、22个开发单元。油藏类型不同,开发方式不同,油藏和地面管理的手段也不同。

开发区块跨度比较大,于奇区块、塔中区块、托普台等距离厂区都比较远,平均在200km以上。尤其是在新疆这种特殊地区,治安形势相对比较复杂,与当地协调难度较大,生产过程中在托普台等井区多次发生堵路甚至盗油现象,塔里木中部、顺南等区块开发后由于地区偏远、电话信号差,人员安全保障存在巨大挑战。

2. 装置、设备、管线腐蚀老化严重

塔河采油一厂所辖部分区块开发时间长,一号联、西达里亚集输站、$30 \times 10^4 m^3$ 轻烃回收装置运行时间长,加之后期含水上升、含硫井增加,造成装置、设备、管线腐蚀严重。

硫化氢腐蚀主要集中在塔河九区奥陶系,塔河二区奥陶系油气藏及配套设施,以及九区天然气净化站和天然气处理站等。硫化氢气体遇到管线中的水分形成溶液后,便会电离出氢离子,对管道进行腐蚀。同时,硫化氢溶液还会被氧化形成硫酸,加剧对管道的腐蚀。采油厂每年在腐蚀穿孔刺漏抢修、污染治理、农民赔款等方面的花费在几百万甚至上千万,给正常的安全生产及环境保护带来巨大压力。

3. 九区奥陶系气井压力高,管理难度大

目前九区共有生产井18口,日产气水平 $82 \times 10^4 m^3$,日产油水平199t。区块平均油压达25MPa,最高油压达44MPa,区块平均含蜡量高达17%,最高含蜡量达50%,区块平均硫化氢含量达 $300mg/m^3$,最高硫化氢含量达 $555mg/m^3$。高压、高硫化氢使开发及生产过程中的管理难度及风险大大提高。

4. 作业队伍技能水平参差不齐,监督管理任务繁重

塔河采油一厂有各类承包商87家,工作量比较繁重,工作内容包括清蜡、抽油机维护、地面建设、修井等,每天的施工点在20~30个点次之间。各作业队伍资质、装备、现场施工质量、施工安全、人员素质及配置等方面良莠不齐。各类承包商责任意识有待提高,目前在施工作业过程中应付开工验收和检查的现象时有发生。在施工现场应急设备和防护器材相互挪用现象也较为普遍,为现场安全管理带来难度。

5. 人员流动性大,安全管理面临巨大挑战

随着油田开发规模的不断扩大,现场操作人员90%以上为专业化服务人员。这些现场操作人员随着年龄的增长,大部分到了结婚年龄便会离开。另外由于地方社会经济发展,寻求高待遇好环境成为大趋势,加上部分员工不适应油田环境及工作制度,这些因素均导致了现场操作人员替换率居高不下,给现场安全管理带来了巨大的挑战。

(二)安全管理提升的必要性

生命至高无上,安全永远第一,抓好安全工作,是关乎企业兴衰荣辱甚至是生死存亡的大事,是打造和谐企业建设的基础。

近年来,随着质量标准化动态达标的安全工作主线以及"安全红线"管理规定等工作的不断推进,塔河采油一厂的安全管理水平稳步提升。在"在平凡中创造非凡,在创新中追求卓越"的企业文化引领下,只有切实提高对安全工作极端重要性和必要性的再认识,从大局出发,从细微入手,强化责任意识,力促责任落实,狠抓安全本质管理,努力实现企业的全面安全、本质安全、持久安全。

1. 在做好安全工作敏感性上,需要再树立、再提高

始终坚持在思想认识上强化安全第一,在工作安排上突出安全第一,在资金投入上保证安全第一,在监督考核上体现安全第一。各级干部要牢固树立"只有不到位的管理,没有抓不好的安全"理念和"想不到就是失职,想到了没有做到就要问责"的安全理念,时刻以如履薄冰、战战兢兢的心态做好安全工作。敬畏自然、尊重科学,坚持系统地而不是局部地去思考安全工作,全面地而不是运动式地去落实安全工作,提高安全管理的科学性。让员工把安全装在心里,事先想在前面、防在前面、做在前面、管在前面,从思想上筑起牢固的安全防线。通过"有规必依,有违必纠"的管理手段严格安全规程,要求员工以心态安全促行为安全,以行为安全保落实安全,以落实安全达到

生命安全。在每干一项工作时，都要把安全放在首位，不能为了应付而丢了安全，为了凑合而舍了安全，为了检查而忘了安全，结果产生自己意想不到的危险。要了解职工的心里特征和行为特征，提高员工对安全生产的认识，当安全与生产、安全与效益、安全与成本、安全与进度发生矛盾时，必须要让员工首先想到安全，在确保安全的前提下组织生产。

2. 在做好安全工作重要性上，需要再强化、再认识

做好安全工作，首先要从思想上真正地把安全放在其他工作的首位。企业党、政、工、团各级组织必须齐心协力，加强"安全是一切工作的基础，必须要作风务实，措施扎实，工作落实"，"严细管理，筑牢基础，完善系统，杜绝事故"等安全理念的宣贯，使之成为持久、深入的企业活动，使之成为一项常规性的工作。

让员工充分认识到"安全就是效益、安全就是政治、安全就是发展"的思想，最大限度地减少人为的不安全行为。推行自主安全管理，实现由"要我安全"向"我要安全"管理模式的转变，充分体现"我要安全"的自觉性、主动性，逐步使每个人时时处处事事都把安全记在心上，落实在行动上，做到人人都能保护自己和他人不被伤害。

3. 在落实安全责任主体性上，需要再明确、再具体

全面落实安全责任主体，严格执行"管业务，管安全"理念，落实岗位双项责任，谁主管该项业务，谁对该项业务的安全负责。全面落实安全工作的"五种责任"，即企业的安全主体责任是根本、部门的安全监管责任是保证、领导者的安全领导责任是关键、员工的安全行为责任是基础、专业技术人员的技术责任是保障。增强各级管理人员的责任感、使命感，改变安全评比、检查、整顿、突击运动的工作方式，注重安全长效机制建设、注重安全文化建设、注重安全基础管理，形成长效化、系统化的工作模式，保证安全工作的延续性和持续性。

4. 在员工安全素质可塑性上，需要再培训、再学习

在员工中开展没事当有事的居安思危教育，小事当大事的防微杜渐教育，昨日事当今日事的前车之鉴教育，别人事当自己事的自我警示教育，把教育培训工作作为提高员工安全意识的重要一环来抓。

　　培训从实际情况出发，从最基本的工作开始：预防火灾、生产安全用电、正确使用灭火器、动火注意事项等。通过安全生产培训，让我们岗位职工更深入地了解安全生产的重要性；让职工明白在日常工作中要注意哪些安全问题，增强自己防范意识，提高预防事故的能力，时刻注意安全生产的重要性。

　　别人事当自己事的自我警示教育，主要是吸取安全事故中的教训，对安全生产中可能出现的安全隐患认真重视，杜绝安全事故的发生，确保自身安全的同时也要确保身边同事、公司财产的安全，实现从自我安全到团队安全转变。

图1-9　先锋讲坛

图1-10　现场经验教授

5. 在安全手段方法多样性上，需要再拓展、再创新

加强安全文化建设，以丰富的安全教育形式提升企业的安全管理水平。认真开展安全督察活动、安全责任区连管创建活动、每月"两日"活动、事故回头看活动等，以形式多样的活动营造"人人保安全"的良好氛围。

牢固树立"人人都是安全员，日日都是安全日"的全员参与理念，时时事事想安全，切实把安全工作深刻到脑海里，落实到行动中，成为自觉遵守的一种习惯。近几年，塔河采油一厂一直在探索，一直在总结，也一直在进步，在新疆这种特殊区域、特殊环境、特殊形势下，一直保持生产安全工作稳步提升，为中石化的发展奠定了良好的基础，为地方经济的腾飞做出了巨大的贡献。

第二章 塔河采油一厂安全管理探索

一、兵营管理构建安全框架，建立安全防护网

不论是出于安全的角度，还是在加强人力资源管理的角度，"兵营"管理体系都具有重要的实践意义和必要性。西北油田分公司塔河采油一厂作为国有企业的一份子，在改革与发展的道路上必须做出自己的贡献，"兵营"管理是结合设备、人员、环境状况应运而生的产物，是塔河采油一厂安全管理的创新和提高。"兵营"管理体系在发展过程中促进了采油厂科学发展，提高了安全管理水平，提升了队伍综合素质，加强了队伍执行力的建设。

（一）基本情况

随着油藏开发的不断推进，油田开发工作已经进入到新的历史阶段。从采油厂自身的发展来看：油田开发难度在逐渐增加、科技创新面临新的挑战、安全生产难度增大、采油成本不断上升；从员工队伍的稳定与建设来看：恶劣的自然环境、急需完善的薪酬体制、管理水平的掣肘、员工队伍的不稳定性、人员流失率逐年增大、个人发展需求与采油厂的发展战略之间都凸显出了许多矛盾与问题。这些都逐渐成为制约"油公司"模式下采油厂安全管理向前拓展的障碍。

（二）"兵营"式安全管理体系的内涵及特点

由于所处地理环境偏僻，自然环境恶劣，塔河采油一厂孤立地矗立在茫茫的戈壁大漠中。厂区内建筑成排、人员成列，周围油井生产设施环绕，从视觉上远眺，给人一种"营盘"的感觉。为了有效地解决并且减少由于正式职工离职、岗位调动或轮休，油田专业化服务队（代运行队伍）不稳定、人员流失

带来的安全隐患，采油厂管理层提出了打造"铁打的营盘"这一安全管理措施。俗话说"铁打的营盘，流水的兵"，不管人员如何流动，营盘始终不变，"兵营"这一概念便应运而生。

这一发展理念，结合军事化管理的方法，以稳定采油厂"营盘"建设为根本，从安全管理的角度出发，重视制度标准化、规范化建设在加强人力资源管理上的重要作用。为此采油一厂按照生产性质、内容、岗位需求制定并完善了一系列相应的作业指导书和岗位说明书，要求所有岗位人员严格按照各项制度标准，标准化操作流程和生产内容，采油一厂有机地引用严密的组织形式、严格的管理制度和严厉的考核手段，以严明纪律培养员工的自觉行为，以严整风纪培养员工的文明习惯，以坚强意志、坚毅品格、团队意识，培养员工的工作责任感，增强员工对企业的凝聚力、向心力，提升企业战斗力，促使企业全员在安全生产、经营管理全过程中都有规范的行为动作、标准化作业方法，使企业管理达到高度的统一一致，提高工作效率，取得最佳的工作效果。

"兵营"式管理体系是一套交叉覆盖的安全管理体系，它是以 10 个 HSE 管理要素为 10 条经线、10 个重点专项为 10 条纬线的交叉网络管理体系（见图 2-1）。

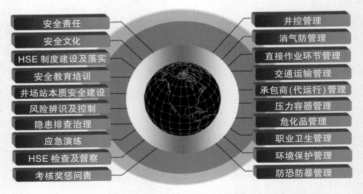

图 2-1 "兵营""十经十纬"安全管理体系结构图

1.HSE 管理要素

10 个 HSE 管理要素（10 条纬线）包括：安全责任、安全文化、HSE 制度建设及落实、安全教育培训（提高安全意识和安全技能）、井场站本质安全建设、风险辨识及控制、隐患排查治理、应急演练、HSE 检查及督察以及考核奖惩问责。

① 安全责任 (HSE 责任制)：持续完善采油厂—队站 (部门)—班组—岗位四级 HSE 责任制。严格落实"谁主管,谁检查"、"谁签字,谁落实"、"谁发包,谁负责"和属地管理的责任体系,通过督查及问责确保全员 HSE 责任制落实。

② 安全文化：认真总结历年来好的经验及做法,将其固化拓展,并根据采油一厂实际,确定 HSE 管理的阶段性目标,分阶段、分步骤一步一个脚印,逐步建立具有采油一厂特色的安全文化。以文化为引领,将安全理念和责任意识"内化于心",安全规律和管理"固化于制",安全制度和文化规范"外化于行",真正让安全入脑入心,努力营造一种人人重视安全、人人保证安全的良好氛围。

③ HSE 制度建设及落实：持续改进并完善各项 HSE 规章制度,根据中国石油化工股份有限公司、西北油田分公司新发布的各项制度、规程,及时修改完善塔河采油一厂管理制度并汇编成册;狠抓各项规章制度的学习、执行、落实,激发全员参与安全管理的主动性,提升安全监管水平,促进安全生产。

④ 安全教育培训 (提高安全意识和安全技能)：持续开展好厂级"学标准、用标准、按标准办事"、HSE 内部讲堂、安全管理人员及承包商负责人季度理论考试、事故回头看、安全月、厂安全日等活动。继续做好采油一厂每月一期的《安全月刊》编辑发行工作,持续完善充实内容,将安全月刊打造成采油一厂 HSE 宣传、教育、交流的大舞台。

⑤ 井场站本质安全建设：扩展目视化建设范围,将职业危害因素告知牌、危险物质告知牌、警示牌纳入目视化管理中,并在全厂范围内对各类标识、小贴士、告知牌、警示牌的规格尺寸、内容及张贴位置进行统一,逐渐形成具有塔河采油一厂特色的 HSE 目视化体系。同时,加强新建工程项目"三同时"建设及竣工验收以及现有井场站标准化建设的力度,促进现场本质安全建设。

⑥ 风险辨识及控制：持续推行"七想七不干"岗位操作风险识别卡,按

照先"自下而上"汇总,后"自上而下"不断规范的原则,每季度对识别卡进行补充完善,逐步使识别卡达到操作步骤完整正确、操作性强、风险识别到位、控制措施有效可行的目的,通过识别卡的推行规范岗位员工操作,同时成为新工岗位培训学习的教材。持续开展查找身边"十大薄弱环节"活动,建立运行机制,每季度在 HSE 会议上讨论确定厂级季度"十大薄弱环节",每季度讲评防范措施的落实情况。通过薄弱环节的辨识及控制,逐步提高采油厂 HSE 管理水平。

⑦ 隐患排查治理:做好事故隐患项目的普查工作。每月由各单位根据队站自检情况上报自检报告,采油一厂汇总后,针对排查出各类隐患按照"四定"(定人、定期限、定措施、定资金)原则进行整改。

⑧ 应急演练:基层分队站持续开展全员参与的"每月两日"活动,"安全日"主要以安全学习为主,"消防日"以各类实战应急演练为主。编制年度及月度演练计划,分队站每月至少开展一次队站级演练,采油厂每季度至少开展一次厂级应急演练。通过开展各种类型井况、各种类型的应急演练,全面提高应急处置能力。

⑨ HSE 检查及督察:持续开展岗位班组每日自查、队站每月检查、采油厂每季度检查,并按照"四定"原则进行问题的整改。各单位要以西北油田分公司 HSE 检查实施细则为依据,加强 HSE 检查管理,改进督查方式,对督察出的问题每日在局域网进行公布,以此督促问题单位及时进行整改。

⑩ 考核奖惩问责:对承包商队伍的督察问责,通过告知其上级主管部门、经济处罚、暂停投标活动、停工整顿等方法和手段,规范问责管理程序,促使承包商单位不断提高安全管理水平;对厂属各单位、部门的督察问责,通过 HSE 月度例会严格问责履职情况,加强连带考核,促进各主管部门、单位积极主动地加强 HSE 管理工作,以"正面激励"和"犯则严处"相结合的方式,推行里程碑式管理,制定 HSE 管理阶段管理目标,坚决杜绝低、老、坏现象,设置里程碑专项考核奖金,一人出错,团队共担,并与各单位考核、评先、奖金分配挂钩。

2. 重点专项

10 大重点专项(10 条经线)包括:井控管理、消气防管理、直接作业环节管理、交通运输管理、承包商(代运行)管理、压力容器管理、危化品管理、职业卫生管理、环境保护管理以及防恐防暴管理。

① 井控管理:严格执行《西北油田分公司井控实施细则》及《塔河采油一厂井控管理办法》,进一步规范普通自喷井、高压油气井、机采井、电泵井、注入井、呆死井的现场管理,通过督察,提升巡检力度;加强应急演练,提高现场操作人员对异常情况的判断力及突发事件的应急处理能力。作业井控严格把好作业井控"五关"(设计关、队伍选择关、开工验收关、过程监督关和竣工验收关),确保井控安全。

② 消气防管理:加强《塔河采油一厂硫化氢防护安全管理规定》的执行力度,确保消气防安全管理。气防管理严格按照含硫场所防护器材配置要求,落实资金保证硬件配置落实到位;按照规范标准定期校验硫化氢防护器材及仪器仪表,确保安全使用。消防培训重点以增强员工"四个能力"为主;加强消防设施维护保养,保证消防设施关键时刻"可用"、"好用"。

③ 直接作业环节管理:严格执行分公司直接作业环节各类作业票审批制度及各类安全防护制度,实行"一票、两案、双监护"管理。对直接作业环节严格执行作业票制度及各级审批制度。严格按照施工方案要求施工,要求现场管理单位及施工单位双方安全员共同进行安全监护。直接作业环节的督察做到日日到现场,重点作业领导带队现场督察。

④ 交通运输管理:严格执行《塔河采油一厂交通运输安全管理规定》,交通运输管理实行"三制、一查"的管理方法。每月月底派专人到消保中心调阅当月车辆GPS行车记录,发现"超度"车辆严肃进行处理。培训、检查要做到每周进行一次车辆检查,每月度开展一次驾驶员安全教育,每季度聘请交警来厂开展交通安全讲座、宣贯法律法规、交通事故案例警示教育活动。

⑤ 承包商(代运行)管理:持续强化对承包商资质、人员取证、标准配备的监督检查;加强对代运行单位人员规范执岗、制度执行、人员配置情况的检查,发现问题及时督促整改。

⑥ 压力容器管理:严格执行《固定式压力容器安全技术监察规程》及《塔河采油一厂压力容器管理办法》,认真执行每月一次的压力容器安全附件检查,发现问题及时处理,并做好压力容器的年度检验、全面检验及日常

维护管理工作。

⑦ 危化品管理：严格执行《塔河采油一厂危险化学品管理规定》及国家危化品管理相关标准，管理部门明确管理相关职责。危险化学品的申购、运输、储存、使用、应急措施等环节做到每个环节有人管，每个环节有人监督；加强危险化学品相关知识培训，提高各环节管理人员、使用人员的意识和技能；提高员工的权利意识和履行义务意识；按照标准配置危险化学品各环节的防护用品。

⑧ 职业卫生管理：严格执行国家职业病防护相关管理规定，严格按照计划开展年度职业卫生体检工作和食堂食品卫生管理。建立健全职业卫生的"四档"，继续做好生产场所职业危害因素的检测工作，并及时在现场公布检测数据，明确现场危害，制定保障措施，减少职业危害。

⑨ 环境保护管理：严格执行《塔河采油一厂环境保护管理实施细则》及各类环境保护相关管理制度和规定，建立环保长效机制，落实"谁主管，谁负责"、"谁污染，谁治理"的工作要求。加强污染物产生和污染物处置工作。严格执行采油厂集输管线巡检管理规定，及时发现隐患，降低管道刺漏造成的环境污染程度；确保水处理装置正常运行，降低油井作业返排液形成的处理费用。加强固废、液废排放管理，向"零"排放目标持续前进；持续推进清洁生产工作，降低环境保护压力。

⑩ 防恐防暴管理：严格落实《西北油田分公司防恐防暴常态化管理机制》、《塔河采油一厂防恐防暴实施细则》、《塔河采油一厂防暴器材管理办法》，持续完善"人防、物防、技防"水平，采油厂每季度、分队站每月开展一次防恐防暴应急演练，确保生命安全、财产安全、生产安全。

（三）"兵营"管理体系实施工具

图2-2为"兵营"管理文化体系建设模型。处于管理体系和工艺安全要素上面的是企业安全管理涉及的要素。该安全管理文化建设赋予了企业安全管理以灵魂，在境界与层次上都高于安全管理，却又是安全管理的思路和出路。处于最外层的是管理与考核，实际上也就是安全考核的总结与反馈阶段。通过定期对各基层单位的管理体系和安全管理文化要素进行系统的考核与

评审,确定各单位安全管理的现状,逐条梳理,逐一对照,找出安全管理存在的问题及隐藏的危险,并按照新的思路在原有管理体系的基础上不断总结和完善新的工作思路和方法,达到循序渐进,逐级提升的目的。

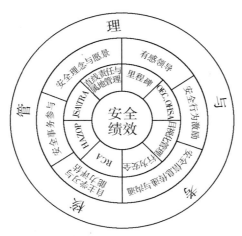

图2-2 "兵营"管理文化体系建设模型

1. 以直线责任与属地管理推进全员安全责任建设

① 明确属地划分,落实责任属地(明确到人),确保每个生产区域包括井场外区域、每台设备、每次作业都有明确的属地管理。

② 应用职责分工表梳理各岗位的岗位职责,确保岗位职责无遗漏。

③ 属地管理必须通过岗位职责的形式进行明确,将属地责任人区域划分与职责进行宣传公布。

④ 当组织机构、工艺技术发生变更时,应及时调整属地责任,重新评估属地主管的能力,更新职责分工表。

⑤ 制定细化和量化的考核指标,考核应体现过程管理和正向激励原则,并且与个人利益挂钩,严格兑现。

2. 以"里程碑"式管理推进安全管理系统化建设

里程碑管理措施于2012年3月在塔河采油一厂全面展开,并制定了《里程碑管理计划大表》和《采油厂里程碑管理考核奖惩办法》。本着"公正、公平、公开"的原则,对奖励办法、考核方式、考核内容及量化指标等进行了细化。目的是通过这些工作夯实 HSE 基础,杜绝现场"低、老、坏"问题,督促现场管理水平逐步提升,构建采油厂安全防护网。

3. 以"目视化"管理推进安全管理现场标准化建设

目视管理利用形象直观、色彩适宜的各种视觉感和信息来组织现场生产活动,达到提高劳动生产率目的的一种管理方式。

① 形象直观,有利于提高工作效率。现场管理人员组织指挥生产,实质是在发布各种信息。操作工人有秩序地进行生产作业,就是接受信息后采取行动的过程。在机器生产条件下,生产系统的运转要求信息传递和处理既快速又准确。目视管理为解决这个问题找到了简捷之路。

② 目视管理透明度高,便于现场人员互相监督,发挥激励作用。实行目视管理,对生产作业的各种要求可以做到公开化。干什么、怎样干、干多少、什么时间干、在何处干等问题一目了然,这就有利于人们默契配合、互相监督,使违反劳动纪律的现象不容易隐藏。

③ 目视管理有利于产生良好的生理和心理作用。对于改善生产条件和环境,人们往往比较注意从物质技术方面着手,而忽视现场人员生理、心理和社会特点。目视管理的长处就在于它十分重视综合运用管理学、生理学、心理学和社会学等多学科的研究成果,比较科学地改善同现场人员视觉感知有关的各种环境因素,使之既符合现代技术要求,又适宜于人们的生理和心理特点,这样就会产生良好的生理和心理效应,调动和保护工人的生产积极性。

4. 以"行为安全"管理推行"HSE 观察"

制定符合塔河采油一厂特点的行为安全审核管理制度与审核标准,明确不同形式、不同级别行为审核开展的频率,设置权重管理系数。在各分队、站开展"行为安全观察"培训应用,推行"行为安全观察",建立管理与分析平台,对历次审核结果进行分析比较。

5. 以安全经验分享推行行为习惯养成

通过长期坚持开展安全经验分享,启发员工互相学习,激发全员积极参与 HSE 管理,创造一种以 HSE 为核心的"学习的文化"。同时,强化员工正确 HSE 做法,使其自觉纠正不安全习惯和行为,树立良好的 HSE 行为准则,促进全员 HSE 意识的不断提高,形成良好的安全文化氛围。

6. 以工艺风险管理推行 HAZOP

选取重点井场站，开展以 HAZOP 为主的"工艺危害分析方法"培训与应用试点，确定工艺安全管理信息与工艺变更管理级别。识别现场工艺节点存在的偏差及风险，判断工艺防护措施是否充分，制定或核实岗位作业、异常处置与应急处置标准。建立各分队、站工艺安全管理组织，培养高素质工艺安全人员，适时推行工艺安全师认证制度。

7. 以作业风险管理推行 JSA

选取重点作业类型，开展 JSA 培训应用试点。识别与评估重点作业环节、重点风险与风险削减措施，确定管理与检查要点，规范作业程序与作业标准。对高危实际作业现场开展以方案审查、作业审批、施工前风险分析、现场检查等环节的检查分析，找出可能的排查与控制方法。

（四）管理措施与流程

1. 签订安全管理目标责任书

在一个安全管理周期内，就采油厂、职能部门及基层单位、员工清楚"做什么、什么时候做、需要做到什么程度"等问题进行识别、理解、达成共识，并形成书面的承诺文件。塔河采油一厂在每年年初采用签订安全管理目标责任书的形式，将安全生产、环境保护、职业卫生、输油气管道、质量管理、安全保卫等主要指标以及其他各项考核指标分解到职能部门和基层单位，基层单位再与在岗员工签订相关安全责任书，最终分解落实到具体的工作岗位上。

2. 落实班前班后会制度

班前班后会是安全管理的重要手段。为加强安全管理，强化标准是安全管理之本的理念，塔河采油一厂统一要求各生产班组每日召开班前班后会，并对班前会召开的内容提出严格的要求。

在生产班组执行班前班后会。班前会绝不是"要注意安全"、"做事要小心"之类口号式的交待所能替代的，它需要在布置工作的同时，进行危险点分析，并提出切实可行的防范措施。有些班组的作业内容每天都相似，于是布置安全工作时，班组长就一味地强调同样的内容，不仅枯燥，而且没有必要。其实，不同的工作任务，危险点分析及防范措施是不同的，员工的思想状态每天也是不同的。

图 2-3 塔河采油一厂签订 QHSE 管理目标责任书

图 2-4 塔河采油一厂召开年度 QHSE 会议

在机关科室执行早晨会和晚碰头会制度。在晨会上对一天的重点工作和作业进行部署和安排，对难点工作进行风险分析，配合作业进行沟通协调；碰头会上对作业进展进行总结，对出现的问题进行分析解决，从而高效地推进工作开展。

3. 执行公寓门禁管理

严禁非生产人员进入井场，因工作需要进站人员必须接受严格的询问和检查，做好详细的进站登记后方才放行。工作人员进入井场必须刷门禁进入，做到认证不认人，发现可疑情况立即通报。保证夜间两人以上执岗，巡检人员在巡检过程中遇到可疑人员，在保证自身安全的前提下及时逐级汇报。

图2-5 联合站召开班前会

图2-6 机关部门召开碰头会

4. 强化"口令"执行制度

新疆特殊的地理位置和治安形势，给塔河采油一厂安全管理带来了巨大的挑战。塔河采油一厂处于维护稳定工作的第一线，油田的各井、站、输油气管道等设施，都可能成为重点破坏对象。当前安全保卫工作面临新的、突发的严峻形势，维护稳定工作形势严峻、情况复杂。为确保油田安全生产和社会稳定，塔河采油一厂从 2009 年开始执行口令制度，进入井场必须询问口令，回答正确才能靠近。

图 2-7　计转站防恐防暴演练

5. 实施效果

自"兵营"管理体系实施以来，塔河采油一厂对各个部门单位的各项安全管理工作进行评定打分，并制定《安全辅助指标考核大表》、《安全核心指标考核表》及《安全考核扣分汇总表》。依据各部门单位在一年中安全管理所做出的重点工作及基础管理工作绩效为标准，对月度、季度、年度工作进行汇总、评定，并按照逐级提升的方式划分出下一年的安全管理标准。奖惩方面，按照年初指定的安全管理标准划定分数等级进行奖励。

"兵营"安全管理体系建设在促进油区安全建设和员工安全素质提升方面发挥了积极的促进作用，为塔河采油一厂的安全发展构筑了牢固的安全防护网。油田开发与管理需要科学的思路和严谨的态度，"兵营"式管理体系为打造中石化名牌采油厂奠定了安全基石，它需要我们以精益求精的态度去实施，以精耕细作的方法去探索，在建设千万吨级大油气田、打造世界一流能源化工公司的道路上做出国有企业排头兵应有的贡献。

二、落实矩阵管理，强化培训明确责任

提升岗位操作技能是塔河采油一厂组织培训的主要目的，然而由于各种原因的影响，员工培训的效果一直有限，员工技能不能得到巩固和稳步提升。首先培训计划一般由上级领导部门制定和安排，存在年初制定的培训计划和采油厂生产实际存在不一致的现象，如生产任务紧张时，上级单位安排的培训无法及时参加，影响培训效果，而生产任务不紧张时又没有培训安排。另一方面，塔河采油一厂工作制度采用倒班制，员工上班两个月休息一个月，存在参加培训人员不确定或者人员在休假现象，影响培训的进行。此外，培训计划涉及面广，内容空泛不具体，没有针对员工个人的能力层次制定培训计划，使培训呈现出"一锅粥"现象，培训的内容与实际操作结合弱。同样内容反复多次培训，造成培训资源的严重浪费，没有达到培训预期的目的，给采油一厂安全生产带来了安全隐患。

同时在日常的安全管理工作中，一项工作的推进需要几个不同科室的协同配合，即使是一个部门安排部署的工作，也需要不同岗位人员的跟踪推进，工作内容交叉覆盖，岗位职责划分不明确，极易出现工作都在管，又都不负责或管理推行不彻底的问题，导致责任落实不明确，工作开展效率低下。

面对培训管理和责任落实工作管理出现的难点，塔河采油一厂积极组织各部门进行集中分析，总结共性的问题，针对员工素质个性化的点与培训内容教条化的面、部门职能区块化的点与工作开展连续化的面、岗位职责目标化的点与项目进展持续化的面等点与面不协调的问题，融合石油行业先进的管理理念和思路，总结提出了矩阵管理的方法。

矩阵管理主要包括培训矩阵和责任矩阵两方面的内容。通过培训矩阵，明确各单位各部门以及不同岗位应该培训的技能要求，同时作为岗位考核最基本的要求，提升员工安全意识和操作技能，做到岗位职能要求与人员技能素质相适的目的。按照"属地管理、直线责任"的要求，并引申扩展，建立责任矩阵，细化各单位各部门的职能权限，明确各岗位的管理职责，做好"权责一致"，严格责任落实到位，提升工作效率。

（一） 培训工作存在的问题

随着油田开发的不断深入和采油厂管理水平的不断提升，建设知识型、技术型、创新型和复合型员工队伍，已成为推动塔河采油一厂转变发展方式的根本保障。培训工作作为影响塔河采油一厂人才发展水平和实力的决定因素，肩负着艰巨而繁重的战略任务和历史使命。

目前培训工作中存在的问题包括：培训需求上，识别比较盲目、调查失准；培训计划上，比较宏观，可操作性不强；培训内容上，结合实际不够，缺乏针对性；培训实施上，方式单一，兼职培训师缺乏；培训效果上，目的不明确，成效不明显。

1. 对培训工作存在认知误区

很多员工错误地认为培训就是学校理论教育式的，认为培训工作应该由专门的安全部门去计划、执行，需要专门的讲师、专门的时间、专门的教材，没有把培训工作当做是对日常工作的一种指导规范、是对自身工作安全的保障去切实掌握，而是将培训看成是一项独立于本岗位日常管理之外的工作，是采油厂规定的取证要求，是一种额外的工作而存在厌倦心理。

2. 培训需求盲目，培训主体不明确

传统 HSE 培训没有岗位培训需求方面的管理办法，导致培训需求识别比较随意，岗位风险识别与控制、岗位胜任能力这些主要的需求反而没有识别出来。培训需求调查由于缺少具体的、针对性的指导，对于各岗位员工培训需求没有调查或者调查不细致，只是按规定制定培训需求计划。未能系统地考虑岗位能力需求，造成"培训需求调查"失准；培训没有指定某个具体岗位，而是单纯的给采油厂各机关科室和基层队站下达培训名额指标，至于各单位部门谁来参加培训具有很大随意性。同时，由于岗位倒休（正式员工上两个月休假一个月）特殊的工作机制，参加培训"被要求"的情况很普遍，存在培训时间和员工倒休时间相矛盾，为完成培训指标而代替参加培训的现象，参加培训的员工处于被动的学习状态，缺乏内在的驱动力与主动性。

3. 培训计划宏观笼统，内容缺乏针对性

上级单位在制定培训计划前没有对采油厂员工培训需求经过详细的调查，致使实际的培训计划与培训需求调查间的关联性不强；没有针对员工个人的能力制定培训计划，也没有 HSE 方面职业发展的专题计划。安全培训内容与实际操作的结合弱。培训千篇一律大多是法律法规、基本知识等通用内容，而实用的程序与操作规程、事故案例分析等却很少或者没有，在培训过程中已经掌握的内容在不断的再陪训，而需要提升的技能始终没有涉及，存在同样内容反复培训，造成资源的浪费，却没有达到预期目的，导致培训的员工存在抵触心理。

4. 培训方式单一，过分依赖安全管理人员

培训方式主要以集中的"课堂教学"方式实施，在岗培训少，培训中互动弱；没有充分利用各种会议、审核、交流等机会与相关人员分享 HSE 经验和知识；没有培养本单位"兼职培训师"，没有发挥各级管理人员和专业人员在 HSE 培训中的作用。

5. 缺乏培训效果跟踪检查

效果评估只限于培训课堂，出了课堂便撒手不管，缺乏一线主管对员工培训后岗位上的评估，未能真正解决员工急需解决的问题。没有明确各级管理层对培训的最终效果负责，也就没有对培训效果实施有效的跟踪，致使培训效果不明确。

（二）什么是培训矩阵

培训矩阵是矩阵在培训需求管理上的一种应用，是把岗位所需操作能力和培训要求分纵横排列，并建立对应关系的表格，即岗位横置于行，所需岗位基本技能和要求纵放于列，形成一个二维矩阵表格，用来表示和明确每个岗位的员工需要接受的培训内容、培训课时、培训周期、培训方式、掌握程度以及培训师资等，我们把这样的表称为安全培训矩阵。这种表格使员工一目了然地了解自己从事本岗位所应掌握的基本操作技能，真正本着"干什么、学什么"的原则，使员工非常明确从事本岗位应该具备的基本条件和培训周期等内容。

（三）培训矩阵的建立

为全面落实开展培训矩阵，2013 年 8 月，塔河采油一厂制定了《安全培

训矩阵编制说明及工作方案》，成立了以采油厂厂长和党委书记为组长的领导小组，对培训矩阵推行工作进行全面指导和推行，同时将执行办公室设置在质量安全环保科，负责日常培训矩阵的管理工作。

培训矩阵的建立是针对不同层次的人员在日常工作中，对于 HSE 的理念、HSE 知识和 HSE 技能的不同需求，来分别定制不同层次的培训内容。图 2-8 为不同层次的人员对于 HSE 的理念、知识、技能的需求示意。

图 2-8 不同岗位培训需求示意图

如图 2-8 所示，不同岗位的员工培训要求掌握的侧重点各有不同。针对采油厂而言，主要基层岗位员工如采油工、集输工等所从事的各项作业活动，大多是具体的生产劳动工作过程，直接接触或使用生产设施、设备和工具，主要承担各项操作规程和生产任务的执行，对于安全技能的需求所占比重较大；管理层主要为具体业务的主管责任部门（科室）或管理人员，其主要职能是负责 HSE 相关策略与措施的具体管理和落实，对于 HSE 的知识和理念的需求所占的比重较大；而作为领导层如厂领导，主要负责 HSE 策划和安全规程等相关政策规章的制定并监督、指导下属实施，对于 HSE 理念的需求所占比重较大。

强化员工的教育培训，不断提升全员的安全意识能力，必须转变员工思想观念，改进工作方式，创新和规范培训管理模式，才能持续提高 HSE 培训工作的针对性和有效性，要求领导干部在安全生产中以身作则，机关职能科室要"管工作管安全"，基层员工要"我的属地我负责"，才能推动领导干部对 HSE 工作由重视向重实转变、职能部门由被动参与向主动负责转变、基层员工由岗位操作者向属地管理者的转变，才能有效推进建立和实施培训矩阵这一先进管理理念的落实。

直线管理领导负责对下属各岗位员工的培训需求进行识别与评估，就岗位的培训要求与操作员工进行沟通，使其清楚地了解岗位要求的操作技能和安全意识，以及自己与岗位要求之间的差距，然后分别将每一个岗位所需的培训，用一个量化的标准——培训矩阵表示出来，并根据岗位的调整和变化及时编制和更新培训矩阵，然后按照矩阵对岗位人员实施具体的培训。

在建立 HSE 培训矩阵的具体实践中，应紧密围绕本单位和基层岗位生产作业的操控规程、风险、特点等要求，落实单位和基层领导干部培训的直线责任，明确岗位操作人员的基本规定动作，认真分析岗位 HSE 培训需求分析，结合实际建立多种培训方式，进而为提高岗位员工的安全意识、安全操作技能和应急反应处置能力，确保为每一项规定动作执行到位打下坚实基础。

培训矩阵的建立工作主要包括以下几个方面的内容：

1. 建立培训模型

首先由采油厂质量安全环保科建立初始的培训矩阵模型。模型建立后组织各职能科室和基层队站对其内部岗位设置和岗位职责要求进行调查、梳理和讨论，确保培训矩阵模型能够涵盖采油厂所有的岗位。

图 2-9 各职能部门、单位讨论会

编制培训矩阵表，应确保涵盖所有员工的岗位，即员工的每一个岗位都建立一个相对应的培训矩阵表。

培训矩阵的内容主要有以下五大类：

① 安全基本知识和应知应会，如：HSE 职责、权力、义务等。

② 岗位基本操作技能，如：加热炉的启停、呼吸器的使用等。

③ 生产作业管理流程，如：作业许可、工具用具管理等。

④ 应急知识和掌握技能，如：中暑的现场紧急救护等。

⑤ 安全管理理念和承诺，如：安全管理原则、安全行动计划等。

2. 组织基层员工进行沟通交流

按照生产流程进行划分，机关各职能科室、采油队及集输站按照岗位设置和岗位职责要求对需要掌握的知识、操作技能进行梳理，将建立的岗位要求矩阵模型提供给基层员工进行对照认证，基层队站领导与岗位员工通过沟通、讨论，多方听取基层员工意见。由基层班组将存在的问题和建议逐级上报，进行综合评价，使员工理解岗位的基本工作能力要求与风险，从而对培训需求和内容取得共识。

图 2-10 现场组织员工讨论

3. 健全完善岗位需求矩阵

结合实际情况，经综合评价、汇总整理，形成岗位要求矩阵汇总表，报采油厂管理部门。基层班组依据岗位需求矩阵，形成员工岗位要求矩阵明细表（示例见表 2-1）。

表 2-1 采油队基层员工 HSE 培训矩阵明细表

编号	培训内容	培训课时	培训周期	培训方式	培训效果	培训师资	1 采油班长岗	2 一般采油工岗	3 采油液班员岗	4 井组料员岗	5 集输班长岗	6 集输岗	8 地质组长岗	9 化验岗	10 测试岗	11 维修班长岗	12 维修岗	15 驾驶员岗	16 其他后线岗位
2.10	分离器油气分离器运行、维护																		
2.10.1	分离器运行检查	0.25	三年	课堂＋现场	掌握	直线领导或技术员、其他培训师						√				√	√		
2.10.2	分离器油水气界面、压力控制	0.25	三年	课堂＋现场	掌握	直线领导或技术员、其他培训师					√	√				√	√		
2.10.3	分离器阀门安装、维护、修理	0.5	三年	课堂＋现场	掌握	直线领导或技术员、其他培训师					√	√				√	√		
2.10.4	分离器压力表安装	0.5	三年	课堂＋现场	掌握	直线领导或技术员、其他培训师					√	√				√	√		
2.10.5	安全阀安装	0.5	三年	课堂＋现场	掌握	直线领导或技术员、其他培训师					√	√				√	√		
2.10.6	分离器液位计安装、维护、修理	0.5	三年	课堂＋现场	掌握	直线领导或技术员、其他培训师					√	√				√	√		
2.10.7	分离器清检（排污）	0.25	三年	课堂＋现场	掌握	直线领导或技术员、其他培训师					√	√				√	√		
2.10.8	分离器清洁、换玻璃管	0.5	三年	课堂＋现场	掌握	直线领导或技术员、其他培训师					√	√				√	√		
2.11	油罐运行、维护																		
2.11.1	油罐检查	0.25	三年	课堂＋现场	掌握	直线领导或技术员、其他培训师					√	√				√	√		
2.11.2	油罐进油、出油、倒罐操作	0.25	三年	课堂＋现场	掌握	直线领导或技术员、其他培训师					√	√							
2.11.3	油罐量油	0.25	三年	课堂＋现场	掌握	直线领导或技术员、其他培训师					√	√							
2.11.4	油罐清检	0.5	三年	课堂＋现场	掌握	直线领导或技术员、其他培训师					√	√				√	√		

续表

编号	培训内容	培训课时	培训周期	培训方式	培训效果	培训师资	1 采油班长岗	2 一般采油工岗	3 采液班员岗	4 井组资料岗	5 集输班长岗	6 集输岗	8 地质组长岗	9 化验岗	10 测试岗	11 维修班长岗	12 维修岗	15 驾驶员岗	16 其他后线岗位
2.11.5	油罐标定	0.5	三年	课堂+现场	掌握	直线领导或技术员，其他培训师										√			
2.11.6	油罐阀门安装、维护、修理	0.5	三年	课堂+现场	掌握	直线领导或技术员，其他培训师					√	√				√	√		
2.11.7	油罐液位仪（浮标）安装、维护	0.5	三年	课堂+现场	掌握	直线领导或技术员，其他培训师					√	√				√	√		
2.11.8	油罐安全阀安装、维护、修理	1	三年	课堂+现场	掌握	直线领导或技术员，其他培训师					√	√				√	√		
2.11.9	油罐呼吸阀安装、维护、修理	1	三年	课堂+现场	掌握	直线领导或技术员，其他培训师					√	√				√	√		
2.11.10	油罐灭火装置安装、维护、修理	0.5	三年	课堂+现场	掌握	直线领导或技术员，其他培训师					√	√				√	√		

4．建立员工技能评估程序和标准

以评估员工单项操作能力是否达标作为主导思想，塔河采油一厂新入厂员工、转岗员工上岗前必须进行技能评估，员工发生严重违章及事故必须进行重新评估，每年开展一次员工能力评估。落实直线责任，一级评估一级、一级考核一级，实行基层班组长评估班组员工、队站长评估班组长，以此类推的评估程序。以岗位要求矩阵为依据，实行定量评估。

评估内容主要包括几个方面：①直线领导对岗位员工日常工作的表现、遵守规章制度和完成本岗位工作任务情况等进行执行能力评估。②直线领导以员工所在岗位操作技能为主，采取现场操作测试或提问等形式进行操作能力评估，并及时将评估情况进行记录，基层班组将每名员工能力评估记录留存备查。

5．依据需求制定培训计划

根据评估结果，在岗位需求矩阵的基础上，编制培训需求矩阵，作为制定培训计划的重要依据。结合实际，采取班组式、互动式和现场培训等多种形式，有针对性组织实施。采油厂根据分队站上报的培训需求，确定培训项目和培训人员，根据培训需求矩阵与员工认知水平来制定专人的培训计划，培训计划表中每项培训直接对应参训人员。

6．培训项目的组织实施

① 采油厂将培训矩阵和岗位练兵有机结合，在岗位练兵的过程中引入培训矩阵需掌握的技能要求，充分利用时间完成培训。

② 集中培训与在岗培训有机结合，采取集中教学、现场培训等方式，将员工理论知识的培训融入现场实际操作需要遵守的程序和规程当中，丰富培训方式，提高员工参与培训的积极性。

③ 外出参加培训员工回单位后将培训内容或培训心得与在厂员工进行分享，促进以点带面的培训效果，提升员工参与培训的成就感。

④ 充分利用工作现场检查和交流的机会进行技能指导和交流，充分利用生产作业的场所作为技能培训的平台，培训过程中增加互动、练习和交流，增加员工参与培训的多样性和趣味性。

⑤ 培训内容与培训周期有机结合，制定培训计划时充分调研，了解员工

倒休工作机制的时间安排和生产作业的周期,合理布置培训时间,让需要参加培训的员工能够参加培训。同时,针对相同岗位不同素质的员工制定不同的培训内容,而不是"胡子眉毛一把抓",大家"齐步走"的培训模式,避免重复培训、低效培训,做到每期培训每名员工都能学有所成,有所提高,消除员工参加培训的抵触心理和厌倦心理。

HSE培训矩阵的针对性、可操作性强,因此培训可采用理论培训、实战演练、案例教育等方式,小范围、短课时、多形式地实施培训。

a. 小范围:一个或几个采油生产班组就一个或少量的几个内容进行培训,组织性强。

b. 短课时:几分钟到几十分钟培训,使员工清楚地学习和掌握全部内容,方便快捷。

c. 多形式:课堂、会议(班前班后会)、座谈、现场实践、模拟演练等,形式多样。

基于上述的几个基本特点,把培训的每个科目细化为每一项最小的、相对完整的过程单元。

图2-11 空气呼吸器使用培训

7. 开展员工能力评估

采油厂制定具体实施方案，分队站组织实施，由员工直线领导依据岗位要求矩阵对所属员工进行考核评估，确定每名员工技能项目合格率逐级上报汇总。被评估为不合格的项目，进行专项培训，且在下次培训评估合格前不得进行该项目的操作。

8. 持续改进岗位要求矩阵

一是定期开展岗位需求矩阵评估。二是特殊情况出现时，及时进行岗位需求矩阵评估，当组织结构发生变化、员工发生事故（未遂）或采用新工艺、新技术等原因造成操作规程变更，要与生产实际结合验证，确保操作规程有效性，持续改进岗位需求矩阵，使之更趋合理、实用。岗位需求矩阵管理模式使需求矩阵—员工能力评估—培训需求—培训实施—培训效果评估—需求矩阵形成了一个闭环。

（四）推行培训矩阵，提升培训实效

培训矩阵是针对采油厂各能力层次和职能岗位员工的订单式培训。通过培训矩阵把培训的每个科目都细化为每一项最小完整操作过程的单元，并且针对每一个层次、每一个岗位的人员都建立有针对性的培训矩阵表。切实做到：员工上岗和在岗期间，现在所培训的每一项内容都是本岗位员工上岗所必须掌握的知识，现在所制定的每一项内容都要对员工进行定期的培训。

以安全培训为切入点，通过使用培训矩阵工具，开展采油厂HSE培训机制研究，转变基层培训理念，完善基层培训制度，创新基层培训方法、组织形式和考核标准，建立了一种以"需求引导、制度保证、激励约束、实施运行、资源保障、评估改进"为主要要素的基层安全培训机制。通过对管理单元划分，明确各职能科室的主要职责，针对管理内容分解出各岗位的操作项目，明确各岗位人员的应知应会内容及操作过程中可能存在的安全隐患。通过开展培训需求调研，明确急需培训的主要项目，针对培训项目进行问卷调查，明确各项目培训时间、培训周期、培训方式、培训师资以及培训评估等内容，形成了以培训矩阵列表形式的培训方案。通过细化能力评估，按能力需求实施安全技能培训，既检验了基层操作员工HSE能力，做到"缺什么、补什么"，同时

也进一步解决了以往培训范围过宽、内容过多和无效、重复培训等问题,节省了许多培训资源,有效提升了员工安全意识和安全技能。

(五) 培训矩阵推行存在的问题

采取形象教学与互动培训相结合的培训方式,将现场实际演练学习与课堂讲授相结合,减少了与本岗位无关的内容,增强了培训的针对性。建立了教与学的平等关系、培与训的互补关系,并且以考核的手段促进培训效果,不断提高岗位员工的整体操作水平。对员工个体来说,缩小了培训范围,精炼了培训内容,培训时间短、灵活性强。但是在推行落实的过程中也存在一些问题:

① 部门员工特别是新参加工作员工由于对培训矩阵的不了解或者理解不够深入,在初期的培训调研时不能如实反映情况,造成调研失准,从而影响后期培训计划的安排部署。这就需要在以后的培训工作中,尤其是新员工培训调研时多做这方面的宣贯工作,多给基层员工宣传讲解培训矩阵的独特优势,使基层员工充分理解培训矩阵的巨大优势,积极地配合调研以及培训计划的制定。

② 在安全培训的实施过程中,由于培训师的不同、培训课件的不同导致培训的效果不同,出现同一个内容的培训"因人而不同、因时而不同",培训者和受训者都感到"困惑",培训的最终效果质量难以得到保证。针对这一问题,需要分解培训的每个单元,并针对每个培训项目和课程建立标准课件,建立培训课件标准库,确保相同的培训内容执行相同的标准,最大化地提升培训效果。

通过矩阵的逐步推进,深刻认识培训矩阵是提升员工培训效率,减少培训工作量的有力工具。相比传统安全培训,矩阵培训起到了立竿见影,事倍功半的效果。

(六) 责任矩阵开展的背景

企业安全生产责任主体缺失是生产事故不断发生的源头。落实安全生产主体责任是我国安全生产法律法规的基本要求,安全生产法明确指出:企业是安全生产的责任主体,企业必须对自己生产经营活动负主要责任。而落实安全生产责任有利于创建企业安全生产长效机制，有利于企业的长远发展，有利于经济社会和谐发展。我国经济正处于快速发展阶段，国家安全生产法制、监管体制不完善，企业安全生产管理、安全文化不健全，导致企业安全生产主体责任缺失，生产事故高居不下。

目前，塔河采油一厂安全生产主体责任正在进入一个全面的整合落实阶段。为落实安全生产责任，塔河采油一厂已建立了安全生产责任制、安全生产目标管理制度，但对于在安全生产实际管理中，究竟是哪些个人或部门负责安全生产任务，谁是第一责任人、主要责任人及相关责任人，定位还比较模糊，责任意识不强。

责任矩阵是项目管理中应用的将工作任务和职责分配到执行项目的相关职能科室或个人，并明确表示出其角色、责任和工作关系的矩阵图形。责任矩阵能够明确责任的正确分配，有效提高工作落实执行的效率。将责任矩阵应用到采油厂的安全生产管理中来，用责任矩阵对采油厂安全工作进行管理。应用创建采油厂安全生产责任矩阵的新方法，分解安全生产管理任务，结合安全生产管理个人和部门设置，建立采油厂安全生产管理责任矩阵，将安全生产管理有序清晰地体现在一个责任矩阵中，使采油厂安全生产任务事有所属，人员各司其职。

（七）什么是责任矩阵

安全生产责任矩阵是采油厂各职能科室及各岗位安全生产责任的矩阵图形表示。采油厂安全生产管理是一项比较复杂的系统工程，包括多个安全生产工作任务，每一个安全生产工作任务均有相应的人员或部门负责完成，以各项安全生产管理任务为列，以采油厂安全生产管理人员或责任部门为行，在行列交叉位置用字母、数字或符号表示出岗位人员或职能部门在安全生产工作任务中的职能，所形成的矩阵表格即为采油厂安全生产责任矩阵。

（八）采油厂责任矩阵的建立

为全面落实采油厂领导干部安全管理责任，促进机关科室及基层单位安全责任落实，及时发现和消除安全隐患，在全厂范围内达到人人参与安全生产管理,个个肩负安全管理责任的良好管理氛围,有效提升安全管理工作效率,2012 年 2 月,采油厂推行了"属地管理、直线责任"管理要求,以促进机关科室责任明确,生产岗位职责清晰,进而提升安全管理水平。

属地管理:就是谁的地盘,谁管理;是谁的施工区域,谁管理;是谁的生产经营管理区域,谁就要对该区域内的安全管理工作负责,落实"每个领导对分管领域、分管业务、分管系统的安全管理工作全面负责"。根据采油厂领导班子成员职责分工,相关领导负责本属地内的安全管理工作。

直线责任:直线责任指各级主要负责人要对安全管理全面负责,分管领导对分管工作范围内的安全管理工作直接负责,机关部门对部门分管业务范围内的安全工作负责,以此做到一级对一级,层层抓落实,做到"谁组织谁负责、谁管理谁负责、谁执行谁负责"。表 2-2 列出了采油厂部分领导分管业务安全责任明细,表 2-3 列出了采油厂部分机关部门安全责任明细。

表 2-2　塔河采油一厂部分领导分管业务安全责任明细

姓　名	主管业务	安全职责及责任
赵普春	主持生产经营管理全面工作;主管生产经营、经济运行、绩效考核、人力资源管理工作;分管人力资源科、计划财务科	① 采油厂HSE 第一责任人,对安全生产全面负责; ② 负责建立健全全员安全生产责任制,健全 HSE 管理机构; ③ 保证各项安措经费投入,及时消除事故隐患,不断改善劳动条件; ④ 主持召开 HSE 委员会会议,审定安全生产规划和计划,确定安全生产目标; ⑤ 审定签发各类安全制度和技术规程、负责应急预案的制定和实施; ⑥ 检查并考核副职和所属单位、部门正职安全生产责任制落实情况; ⑦ 发生紧急事件时,负责实施应急救援预案,并及时、如实上报生产安全事故; ⑧ 对主管业务外出学习、考察人员的安全负责
张春冬	主持党委全面工作,主管党建、思想政治工作、班子建设、队伍建设、"三基"工作、企业文化建设、综合治理工作	① 采油厂HSE 第一责任人,对安全生产全面负责; ② 监督采油厂落实各级安全生产方针、政策; ③ 监督各级干部认真履行安全生产职责; ④ 负责安全生产方针、政策、法令、制度的宣传教育工作,不断提高干部职工的安全生产意识; ⑤ 负责厂级各项群众性活动的人身、消防安全; ⑥ 协助厂长总结推广安全生产先进经验,严格执行安全生产"一票否决制"; ⑦ 对主管业务外出学习、考察人员的安全负责

姓 名	主管业务	安全职责及责任
蒋 勇	主管产量运行、生产组织运行、生产组织协调、QHSE 管理、节能减排、交通运输、油地关系和绩效考核工作；协助李新勇做好井下作业管理；分管生产运行科、质量安全环保科、采油四队	① 采油厂安全生产第二责任人，对 HSE 工作负直接领导责任； ② 建立健全采油厂应急救援体系，并采取措施保证应急救援系统的有效性和针对性； ③ 在计划、布置、检查、总结、评比生产工作的同时，严格执行安全生产"五同时"要求； ④ 主持 HSE 委员会日常工作，督促各分管领导分管业务的执行情况，监督考核各部门、单位安全生产履职和制度执行情况； ⑤ 负责制定修改各项安全生产规章制度、计划、考核奖惩方案，并组织实施； ⑥ 监管采油厂采油气生产、集输现场、交通等各项安全工作； ⑦ 组织安全生产大检查，落实重大安全事故隐患整改； ⑧ 发生重大事故立即启动应急预案，第一时间赶赴现场组织抢险； ⑨ 定期向职工代表大会报告采油厂安全生产工作情况； ⑩ 负责采油厂安全文化建设； ⑪ 对主管业务外出学习、考察人员的安全负责

表 2-3 塔河采油一厂部分机关部门安全责任明细

部 门	主管 HSE 业务	安全职责及责任
生产运行科	① 井控管理； ② 油气集输系统管理； ③ 交通运输管理； ④ 应急抢险管理； ⑤ 防洪防汛管理	① 按照"安全第一、预防为主"、"管生产必须管安全"的原则组织、指挥生产，杜绝违章指挥，随时掌握安全生产动态； ② 负责采油厂采油气井控安全管理和井控管理办公室的日常管理工作，承担井控管理主管科室责任； ③ 严格执行"三同时"管理规定，确保建设项目安全、消防、环保和职业卫生设施与主体工程同时设计、同时施工、同时验收投产使用； ④ 严格执行交通运行相关制度，杜绝超速、超载、超员现象； ⑤ 负责采油厂应急管理办公室的日常工作，负责组织采油厂级应急演练，编制演练总结；负责生产事故抢险组织、调查处理和统计上报工作； ⑥ 负责防洪防汛管理，承担防洪防汛管理主管科室责任
设备物资科	① 油气生产现场设备管理； ② 物资管理； ③ 仓储管理； ④ 设备租赁管理	① 负责制定或审定设备的安全技术操作规程，并监督执行； ② 负责组织设备安全大检查，并组织、指导、督促解决存在的问题； ③ 负责指导监督各基层单位建立特种设备安全运行档案，定期组织特种设备安全性能评价； ④ 负责审批一般设备事故的处理意见，负责组织设备事故的调查，并将调查结果及时反馈给安全部门； ⑤ 负责定期对供应商进行检查考核； ⑥ 负责按规定采购、发放员工个人劳动保护用品

续表

部 门	主管 HSE 业务	安全职责及责任
井下作业项目部	① 井下作业现场监督管理； ② 井下作业井控管理	① 负责落实井下作业相关安全制度，确保井下作业安全、有序； ② 负责井下作业的应急处置工作； ③ 负责组织采油厂井下作业检查、井控专项检查工作，组织井控例会，审核签发井控例会会议纪要； ④ 按照"谁发包、谁负责"的原则，负责发包项目设计的审核工作，并监督实施； ⑤ 负责井下作业事故的调查处理。
质量安全环保科	① QHSE 体系管理； ② 安全环保督察管理； ③ 环境保护管理； ④ 交通运输安全管理； ⑤ 质量管理； ⑥ 职业卫生管理； ⑦ 隐患治理管理； ⑧ 消气防管理； ⑨ 事故管理； ⑩ 应急管理； ⑪ 防恐防暴管理	① 负责宣传、贯彻和执行国家、自治区、集团公司和油田分公司、采油厂关于安全生产工作的方针、政策、法规和规定； ② 负责采油厂HSE管理委员会办公室的日常工作，每季度组织一次安全检查，每月召开一次采油厂HSE例会，每月听取各队站工作汇报，及时解决安全生产方面存在的问题； ③ 制定和修订采油厂安全生产规章制度、工作计划、事故应急救援预案、奖惩考核办法，并组织实施； ④ 严格执行"三同时"制度，负责组织采油厂新、改、扩建工程项目的安全、环保、职业卫生预评价工作； ⑤ 负责编制、上报采油厂重大安全隐患、重大安全措施项目，并监督实施； ⑥ 负责监督采油厂各队站和承包商建立 HSE 管理体系，并对运行情况进行监督检查； ⑦ 负责组织安全环保大检查，及时整改和消除隐患；负责对存在问题的单位和"三违"时间严格问责处理；负责按"四不放过"原则对内部事故的调查处理；负责督查提出问题的及时问责处理

分级承包：采油厂厂领导承包二级单位，厂副总及各科室领导协助采油厂领导承包二级单位，体现"管业务，管安全"、"一岗双责"的原则，同时主管井下作业、测井、测试的厂领导及部门领导，同时承包相应的重点井和井下作业公司、测井公司项目部。表 2-4 为领导承包责任点示例。

事件责任追究：承包单位、场站、单井发生质量、安全、环保事故事件及违章违规事件，承包责任人负连带责任。

按照直线责任和属地管理要求，对采油厂各部门的工作职责和各项业务流程进行了详细梳理，明确了各单位和部门应该履行的岗位职责和业务，尤其是对业务流程交叉的地方进行职责明确，业务流程清晰化、明确化。按照采油厂涉及的所有业务纵向制定业务流程，横向确定涉及的业务部门，按照批准、审核、组织、实施、参与和监督业务流程，确定各部门在业务流程处置中的作用和责任。

表 2-4 领导承包责任点示例

序 号	单 位	关键装置要害（重点）部位	联系（承包）人	部门协助人	单位承包人	备注
1	联合站	270×10^4t 联合站	赵普春	杨 旭	蔡奇峰	
2	采油四队	采油四队所辖区域内各站、单井流程、井口、集输管道干线、阀组阀坑	张春冬	罗德国	黄江涛	
3	天然气处理站	30×10^4t、50×10^4t 天然气处理站、九区净化处理站	蒋 勇	王 超	钱大琥	
4	采油三队	采油三队所辖区域内各站、单井流程、井口、集输管道干线、阀组阀坑	李新勇	何小龙	何世伟	
5	采油二队	采油二队所辖区域内各站、单井流程、井口、集输管道干线、阀组阀坑	马洪涛	马 磊	姜昊罡	
6	采油一队	采油一队所辖区域内各站、单井流程、井口、集输管道干线、阀组阀坑	乔学庆	蒋 群	王海峰	
7	采油一队	采油一队西达里亚集输站、注水站	郭小民	安永福	王海峰	
8	联合站	80×10^4t 卸油站、1 号计转站、2 号计转站、2-1 计转站、3 号计转站、4-1 计转站、4-2 计转站、4-3 计转站、4-4 计转站及所辖区域内的集输管道干线、阀组阀坑	蒋 勇	王宇驰	蔡奇峰	

　　责任矩阵以矩阵形式表示业务活动与职责部门（或岗位员工）的责任关系，是对"属地管理、直线责任"管理办法的表格化和直观化，改变了采油厂以往单一的以文字形式表达安全管理责任的局面。利用责任矩阵对部门及员工进行责任落实情况考核更加清晰和明确，起到督促员工立足本岗位，做好本职工作的作用。同时，利用责任矩阵工具更能落实责任，明确每个业务活动的领导责任人、主要责任人、直接责任人、间接责任人，避免产生责任不明确的局面。

在对前期"属地管理、直线责任"管理办法总结和分析的基础上，2013年8月，塔河采油一厂正式推行责任矩阵管理。责任矩阵是由横坐标和纵坐标组成的二维表格，矩阵纵坐标为采油厂安全管理要素内容或采油厂安全管理活动，横坐标为采油厂各级主管领导、各职能部门及每个职能部门的岗位。纵坐标与横坐标的交叉部分填写每个职能部门（或者岗位）对每个活动的责任关系，从而建立了"人"与"事"的关联。表2-5为按要素分的责任矩阵，表2-6为按活动分的责任矩阵，表中不同的责任用不同的字母表示：A1为批准者，A2为审核者，B为组织者，C为具体负责实施者，D为参与者。

责任矩阵建立完成后，采油厂组织各单位和部门进行了全员宣贯，并通过季度会、月度HSE例会及现场分析会等多种场合和方式进行贯彻，确保宣贯落实率100%，形成所有员工对部门职能和岗位职责的再深刻认识以及对责任矩阵管理的认可。

为确保责任矩阵能够全面推进，做到"权责一致"，扎实提升安全管理水平，有效提高工作效率，落实安全管理责任，采油厂制定了《塔河采油一厂安全监督管理办法》，强化了HSE月度例会制度，对安全管理工作执行落实情况进行监督检查，对安全管理工作落实不到位和管辖区块存在安全隐患的单位和个人进行严格问责。

安全监督管理责任追究原则：

① 制度面前人人平等的原则。责任追究，要一视同仁、平等相待，任何单位和个人不得搞特权。

② 实事求是的原则。以事实为依据，以法律、法规、标准、制度为准绳，客观公正地追究责任。

③ "谁主管、谁负责"，"谁审批、谁负责"，"谁签字、谁负责"的原则。谁主管的业务范围，谁对此项业务的质量安全环保负责（包括设计、施工、质量、验收等全过程）；谁审批的项目，谁对该项目的质量、安全、环保负责；谁签字确认的落实措施，谁对该措施的质量、安全、环保负责。发生责任事件后，要按照安全生产"一岗一责制"，"直线管理、属地管理"的要求，追究有关单位领导、职能部门和相关责任人的责任，横向到边，纵向到底，体现"管业务，管安全"的要求。

表2-5　塔河采油一厂QHSSE责任矩阵（按要素分）

序号	一级要素	二级要素	三级要素	厂领导	副总	厂长办	党群办	生产运行科	人力资源科	计划财务科	QHSE管理科	设备物资科	油田开发研究所	油田化学研究所	采油队/站	井下作业项目部	承包商
1	领导和承诺、方针目标	领导承诺	承诺内容的制定	A1	A2						B						
2			承诺落实	C	C	C	C	C	C	C	B	C	C	C	C	C	
3		方针	方针制定	A1	A2						B						
4		方针和目标	目标制定	A1	A2	D	D	D	D	D	B	D	D	D	D	D	D
5			目标实施			C	C	C	C	C	B	C	C	C	C	C	C
6			目标考核			D	D	D	D	D	B	D	D	D	D	D	D
7	机构、职责、资源和文件控制	管理机构	管理机构建立	A1					B		D						
8		职责	职责内容编制	A1	A2	C	C	C	C	C	B	C	C	C	C	C	C
9			职责履行			C	C	C	C	C	D	D	C	C	C	C	C
10			职责落实情况考核			D	D	D	D	D	B	D	D	D	D	D	C
11		资源管理	资金分配	A1	A2	D	D	D	D	B	C	D	D	D	C	D	
12			人力资源配置	A1	A2	D	D	D	B	D	D	D	D	D		D	
13			物力资源配置	A1	A1	D	D	D	D	D	D	B	D	D	D		
14		培训	培训计划制定	A1							D						
15			培训实施	A1	A2	D	D	D	B	D	D	D	D	D	D	D	D
16			培训效果的评估		A2	D		D	B	D		D	D	C	D	D	D
17	信息交流	信息交流	内部信息交流	A1	A2	B					C			C			

注：① A1—批准者，A2—审核者：承担A1、A2，B的角色对纵坐标的要素或活动负领导责任；② B—组织者：承担B的角色对纵坐标坐标的要素或活动负直接责任；③ C—具体负责管理责任：承担C的角色对本次活动提供支持或参与，对本次活动的执行有一定的影响，所以负间接责任；④ D—参与者：承担D的角色必须对本次活动提供支持。

表 2-6 塔河采油一厂 QHSSE 责任矩阵（按活动分）

序号	一级要素	二级要素	三级要素	厂领导	副总	厂长办	党群办	生产运行科	人力资源科	计划财务科	QHSE管理科	设备物资科	油田开发研究所	油田化学研究所	采油队/站	井下作业项目部	承包商
49	环境保护管理		环境监测质量管理								B			C	C		D
50			固废处置	A1				D			C				C	C	C
51			危废管理	A1							C				C	C	C
52			废液处置	A1				D			C				C	C	C
53			废气处置	A1				D			C				C	C	C
54			噪声治理	A1							C				C	C	C
55			能效及节能减排	A1				C			D			C	C	C	C
56			环保隐患治理	A1				D		D	C				C	C	C
57			环保"三同时"	A1				C			C	C			C	C	C
58			排污费申报与缴纳	A1	A2			D		C	D				D	D	
59			环保统计	A1	A2			D		D	C	D			C	C	C
60			清洁生产	A1	A2			D			D				D	C	C

注：①A1—批准者，A2—审核者：承担A1、A2、B角色对纵坐标的要素或活动负领导责任；②B—组织者：承担B的角色对纵坐标的要素或活动负直接责任；③C—具体负责实施者：承担C的角色对本次活动提供支持或参与，对本次活动的执行有一定的影响，所以负间接责任；④D—参与者：承担D的角色必须对本次活动提供支持或参与，对本次活动的执行有一定的影响，所以负间接责任。

④ 全面覆盖原则：采油厂各单位、各部门及各承包商，重点场站、重点井下作业、测井和测试作业承包商达到管理责任全面覆盖，无遗漏。

按照《塔河采油一厂安全监督管理办法》，对查出的问题依据严重程度对责任单位下发工作联络单、隐患整改通知单、督察令和停工令，同时在每月5日召开的 HSE 月度会上由安委会讨论处理决定，对责任单位和个人进行问责。2014 年 1~8 月，采油厂共召开 HSE 月度例会 8 次，下发工作联络单 24 份，隐患整改通知单 33 份，督察令 4 份，停工令 1 份，甲方主管单位问责 10 次。通过严格问责，进一步推动了责任矩阵的管理，有效促进了安全责任的落实，提高了工作效率。

图 2-12 QHSE 目标责任落实会

（九）矩阵管理的作用和成效

矩阵管理通过将采油厂生产工作各项业务流程进行分解，落实到具体的责任部门和工作岗位，使部门职责清晰明确，岗位分工一目了然，有利于安全责任的全面落实；清楚地显示出业务执行过程中各职能部门或岗位之间的职责和相互关系，避免责任不清而出现推诿、扯皮现象；可以充分考虑不同岗位员工的工作经验、教育背景、职业资格、兴趣爱好、年龄性别等不同的因素进行职责分工，确保最适当的人去做最适当的事，从而提高工作执行落实的效

率；有利于领导从宏观上看清业务的分配是否平衡、适当，以便进行必要的调整和优化，确保最适当的人员去做最适当的事情。

三、实现 5S 到 9S 的安全管理提升，规范职工安全行为

为适应现代企业发展，提升现场管理水平，培养高素质员工队伍，树立企业良好形象，近年来塔河采油一厂在全厂范围内组织开展以 9S 管理为主要内容的精细化管理活动。9S 管理在塔河采油一厂的发展经历了三个主要阶段：2004 年开始在全厂范围内推行 5S 管理，2006 年将 5S 管理延伸至 7S 管理，2011 年将 7S 管理延伸至 9S 管理。

9S 管理是在 5S 管理的基础上发展而来的，它起源于日本，是规范现场管理的一种有效方法：包括整理 (Seiri)、整顿 (Seiton)、清扫 (Seiso)、清洁 (Seiketsu)、节约 (Saving)、安全 (Safety)、服务 (Service)、满意 (Satisfication)、素养 (Shitsuke) 等 9 个方面的管理。

（一）9S 管理活动开展的目的

1. 节约资源，提高工作效率

油田企业具有环境条件差、产品的危险性大、生产工艺复杂多样、生产区域点多线长分散、人员构成复杂等特点，在生产经营活动中必然存在着许许多多的不良现象，比如在空间利用、人力配置、生产效率、成本管理等方面的资源浪费，给油田的可持续发展带来了很大的阻碍。9S 管理体制的应用将大大减少空间、人力和时间等方面的浪费，使得生产成本降低，生产效率得到提高。通过 9S 管理还将使得工作环境更加整洁、工作气氛更加和谐化，员工在这样的环境中工作，有利于发挥其自身潜在能力，提高工作效率。加之，物品的有序摆放在一定程度上将减少物资搬运时间，同样也使得工作效率得到一定的提高。

2. 提高安全系数，保障安全生产

油田企业是安全事故高发的行业，一方面，9S 管理使得生产现场原本杂

乱无章的物品变得整齐有序、工作场地变得宽敞明亮,确保各项安全措施得到真正的落实。另一方面,通过制定安全管理制度、规范员工操作行为,使员工的安全意识得到提升。9S管理的实施不仅在于现场工作环境的改善,更重要的是使员工形成"我要安全"的意识,对保障油田安全生产工作顺利开展有积极而重要的作用。

3. 推进现场标准化管理

9S管理是企业管理的基石,其实施过程实际上就是要求全员用"规定"动作开展现场工作,即告诉全员做什么、怎么做、做到什么程度,并强调持续改进。9S管理强调全员将每一个管理要素的具体要求落实到工作中,形成按标准办事的习惯。实施9S管理实际上也是推进现场标准化管理的过程。

4. 提升员工安全素养,保持参与安全工作的积极性

9S管理的最终目标是提高全员安全素养。通过对现场工作环境的不断改善,对员工安全意识、节约意识、服务意识的教育提升,潜移默化地改善员工精神面貌,最终达到员工安全素质提升的目的。素养提升了,员工会积极主动参与到安全生产工作中,主动指出现场存在的问题并积极寻找问题的起因和解决办法,会主动、负责地为本企业的发展壮大贡献力量。

(二) 9S管理活动开展的必要性分析

塔河采油一厂地处大漠戈壁深处,管辖区域近2000km²,跨度超过200km,油气井分散分布于轮台县、尉犁县及库车县等多个市县,点多、线长、分散的生产现状、人员构成复杂的客观实际,给油田安全管理工作带来巨大挑战。9S管理作为企业管理的基石,是塔河采油一厂扎实做好基础管理工作的必然选择。

2001年4月,西北石油局按照油公司模式改制重组,采取"油公司"管理模式进行管理,通过招投标的方式选择施工队伍和油田专业化服务队伍,油田专业化服务队伍人数占塔河采油一厂总人数的50%以上,现场操作人员90%以上为油田专业化服务队伍员工。油田专业化服务队伍是油田快速发展和产能建设过程中的一支重要力量,然而各油田专业化服务队伍安全管理水平参差不齐,员工安全意识薄弱,成为制约采油厂安全管理工作可持续发展

的障碍。

9S 管理作为现场管理的基本手段，除创造干净、整洁的工作环境外，对规范油田专业化服务队伍安全管理、提升岗位员工安全意识有着不可替代的作用。

面对生产规模大，站多、井多、设备多的实际情况，塔河采油一厂亟需一种规范化、制度化、科学化的管理手段规范现场管理，9S 管理各个要素的相互补充满足了这种管理需求，经验证其是安全管理的有效手段。

塔河采油一厂是西北油田分公司最早的一支开发队伍，是中国石化骨干采油厂之一。近年来，随着油藏开发的不断推进，油田开发工作已经进入到新的历史阶段。随着西北石油局、西北油田分公司打造"高度受尊敬，高度负责任"企业管理理念、"关注承包商就是关注我们自己"承包商管理理念等先进管理理念的相继提出，塔河采油一厂肩负的职责涉及面越来越宽，打造安全、节约、服务意识强的员工队伍已迫在眉睫，9S 管理在采油厂的推广应用对提升员工素养的积极作用已不言而喻。

（三） 9S 管理在塔河采油一厂的发展与应用

自 2004 年推行 5S 管理以来，塔河采油一厂安全管理工作扎实推进、不断改进完善，完成了从 5S 管理模式到 9S 管理模式的转变。安全管理工作从最初的通过 5S 管理规范现场管理、提升岗位人员素质转变为通过 9S 管理规范现场管理、提升全员安全与节约意识、注重服务与各方满意度。

1. 第一阶段：5S 管理阶段（2004~2006 年）

为实现文明生产，创造干净、整洁的良好工作环境，对生产现场人员、机器、材料、方法等生产要素进行更有效的管理，达到全员素质提升，保证安全生产工作顺利开展。2004 年，塔河采油一厂在全厂范围内开展了 5S 管理工作的宣传及推广工作，将 5S 中几个管理要素外化于形、实干于行、内化于心，促进采油厂安全管理工作更加科学化、规范化、标准化。5S 管理的内涵见表 2-7。

在 5S 管理实施阶段，塔河采油一厂根据自身情况制定《塔河采油一厂 5S 实施方案》，将 5 个管理要素一一分解，逐步推进、务求实效，生产现场工作环境、员工安全意识稳步提升。

表 2-7 5S 管理的内涵

项目	内涵
整理	将工作场所的所有物品分为必要与没有必要的,将必要的留下,没有必要的清除或放置在其他地方,目的是腾出空间和防止误用
整顿	把必要的物品定位、定量、整齐放置,必要时加以标识,目的是使得工作场所一目了然,以消除寻找物品的时间,它是提高效率的基础
清扫	将整个工作场所(包括清扫用具、作业场所环境、设备设施等)彻底清扫干净,目的是保证整个工作场所处于干净的状态
清洁	持续推行前面的 3S,并使之规范化、标准化,目的是维持、巩固前面 3S 的成果
素养	培养员工建立自律精神和养成自觉从事 5S 的良好习惯,目的是使 5S 要求成为员工日常工作中的自觉行为

(1) 整理

对办公室内文件资料进行全面整理,对各单井、各流程及站区内工具间、值班室、操作间内设备物品进行整理,并把能用和不用物品分开。不能用的物品上贴红牌,并由设备管理员确认后,统一回收或处理;将各办公室不用物品及长期不用物品进行整理,不留死角,各办公桌上资料摆放整齐,书与文件资料分开。各井口采油树卫生保持干净、压力表位置安装正确,井口周围无垃圾及油污。井口各种设备卫生保持干净,位置摆放合理,无安全隐患。仓库内各类物品分类摆放,注明标签。保持车辆驾驶室内无杂物,各类标签粘贴整齐,货箱内无杂物。

(2) 整顿

将各办公室、单井、流程及站区内操作间、值班室、工具间的物品进行定位。对所有值班室物品进行整顿,巡检路线图、十项制度(安全生产责任制度、岗位责任制度、质量负责制度、设备维护保养制度、巡回检查制度、岗位练兵制度、班组成本核算制度、计量管理制度、进站检查制度、交接班制度)、生产曲线图、成本柱状图统一挂墙;统一各值班室桌子及文件柜内摆放的物品;对各井口设备安装的位置制定标准,并进行统一;严格将车辆停放在指定位置。

（3）清扫

对井、站外50m范围内生活垃圾、油污进行清理，保持干净；各井场、站内、办公区域内卫生保持干净，清除脏物、生活垃圾，设备卫生、门窗、地面卫生彻底清理；井场、站内铺设砂子，路面统一铺地砖；室内、操作间统一铺瓷砖；各种设备、各井场、单井流程、计转站做到三清、四无、五不漏。三清指的是场（站）清、设备清、值班室清，四无指的是无明火、无杂草、无油污、无易燃物，五不漏指的是不漏油、不漏气、不漏水、不漏火、不漏电。

（4）清洁

将各井口、单井流程、站内流程、设施管理进一步规范化、制度化；站内操作规程、设备责任牌整齐挂墙；责任人及时更换；各井口、单井流程及计转站门口进站须知牌、防火防爆十大禁令牌、硫化氢防护牌统一制作并悬挂，同时悬挂承包责任牌及安全警示牌；单井流程各设备承包到个人，管线保温确保完好，管线走向必须用箭头清楚标示。

（5）素养

通过对整理、整顿、清扫、清洁4个管理要素的扎实实施，使员工养成了"学标准、用标准、按标准办事"的工作习惯，现场工作环境得到明显改善。5S管理在塔河采油一厂推行实施两年以来，全厂干部职工参与安全管理的积极性显著提高、安全素养有了明显改观。5S管理的推行实施为塔河采油一厂安全管理工作顺利开展奠定了坚实基础。

2. 第二阶段：7S管理阶段（2006~2011年）

塔河采油一厂通过5S管理工作的有效实施，现场安全管理水平有了很大的提高，塑造了企业形象、降低了人力资源与物质资源消耗，创造了良好的工作场所、提升了职工素养，实现了清洁生产和生产现场的规范管理。

为进一步保持5S管理的成果，达到长期维持和持续改善的效果，创建节约和和谐型企业，2006年塔河采油一厂将5S管理延伸至7S管理，即在5S后增加了节约（save）和安全（safety）两个S，其管理的内涵见表2-8。

7S管理实施阶段，塔河采油一厂在前期5S管理工作取得良好效果的基础上，重点将员工成本管理意识、安全意识及安全技能的提升纳入到安全管理工作中。将节约、安全两个管理要素当成员工的基本素养来抓，安全管理理念得到进一步丰富。

表 2-8 节约与安全的内涵

项 目	内 涵
节 约	节约是对整理工作的补充和指导,能用的东西尽可能利用;以自己就是主人的心态对待采油厂的资源,切勿随意丢弃,丢弃前要思考其剩余的使用价值,对时间、空间、能源等方面合理利用
安 全	是对原有 5S 的一个补充,安全不仅仅是意识,更需要当作一件大事独立、系统地进行,并不断维护,将安全当成一个重要行动要素,实现员工素养的全面提升

(1) 节约

对前期整理工作进行深化,组织员工对工作现场所有物品进行重新排查整理。分队站、生产班组、岗位领用物资、材料,需提前按需求量上报计划。通过层层审核,确定现场需求量是否合理,严把物资、材料报批关。领用物资、材料实施交旧换新制度,对部分可以修复的物资进行修复再利用,不可修复的确认报废后上交大库,杜绝浪费情况发生。

(2) 安全

引导员工在开展现场整理、整顿、清扫、清洁的同时将安全这一要素融入其中,在改善现场环境的同时发现隐患、整改隐患。对于能整改的隐患自行组织整改,不能整改的隐患逐级上报协调整改。分队站每月组织开展日常检查、专项检查及综合检查,督促班组及岗位员工做好属地管理工作。通过"一日一练"、"一周一课"、"一月一考"、"一季一赛"及"职工小讲堂"等不断丰富的培训手段,使全员安全意识、安全技能及安全知识得到进一步提高。

节约、安全两个管理要素的加入是塔河采油一厂对安全管理手段不断探索的必然产物。7S 管理的成功应用是塔河采油一厂顺应时代发展,持续丰富企业安全管理内涵的最好诠释。塔河采油一厂安全管理工作完成了从严格监督管理阶段到独立自主管理阶段的转变。

3. 第三阶段: 9S 管理阶段 (2011 年 ~ 目前)

为适应现代企业发展趋势,巩固前期 5S、7S 管理工作取得的成果,丰富企业文化内涵,打造西北油田文化品牌,2011 年塔河采油一厂在打造"高度受尊敬,高度负责任"企业管理理念引领下,将 7S 管理延伸至 9S 管理,即在

7S 后增加了服务 (Service)、满意 (Satisfication) 两个 S，其管理的内涵见表 2-9。

表 2-9 服务与满意的内涵

项 目	内 涵
服 务	站在客户 (外部客户、内部客户) 的立场思考问题，将员工服务意识作为基本素质要求加以重视；注重为企业员工提供服务、努力满足客户要求，将服务意识落实到实实在在的行动中；培养全局意识，做好各项基础服务工作
满 意	提高客户 (外部客户、内部客户) 接受有形产品和无形服务后的满意度，重点包括投资者的满意、客户满意、员工满意及社会满意；将提升企业整体素质、健全企业文化、打造文化品牌纳入安全管理，全面提升企业管理水平

(1) 服务

在油公司管理模式下，按照西北油田分公司"关注承包商就是关注我们自己"的承包商管理理念，塔河采油一厂引导全员树立"甲方服务乙方、机关服务分队、职能室服务生产班组"的服务理念。按照"上游为下游服务、上道工序为下道工序负责"的服务宗旨，强化全员责任意识、服务意识，要求各部门对下级提出的申请、困难积极协调解决，定期组织生产班组对职能室、职能室对对口科室的民主测评工作。

(2) 满意

通过 7S 管理工作的有序推进，生产现场工作环境、员工安全意识、安全行为、节约意识均得到显著提高，同时塔河采油一厂也非常注重各方满意度，包括对企业理念、行为、产品、服务等方面的满意度。

通过定期深入现场调研、组织开展厂领导接待日等活动，广泛听取基层分队站、施工单位、代运行等单位在生产、生活中普遍存在的困难，并协调解决。通过开展对机关科室、相关领导的民主测评，了解广大员工、施工单位的满意度，将满意情况作为对机关科室、相关领导的考核依据。

（四） 9S 管理活动在塔河采油一厂开展以来取得的效果

经过三个阶段的发展及有序推进，塔河采油一厂 9S 管理工作不仅为企业创造了干净、整洁的工作环境，同时全体干部职工的安全意识、节约意识、服务意识等方面均得到了提高，安全管理工作完成了从5S主抓现场到9S顾全大局、现场与意识共同发展的转变。经过全厂干部职工的不懈努力，塔河采油一厂连续4届荣获中石化"红旗采油厂"，荣膺中石化"先锋采油厂"，连续5届荣获全国"安康杯优胜企业"、连续12届荣获"自治区级文明单位"称号，并获得了"开发建设新疆奖状"光荣称号。

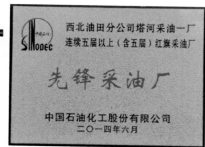

图2-13 塔河采油一厂获得的荣誉（选取部分）

1. 现场工作环境得到改善，员工工作效率提高

通过对整理、整顿、清扫、清洁几个要素的不断实施，塔河采油一厂各生产区域、办公室、仓库等现场工作环境均得到改善。对工作现场所有物品进行区分、清除不必要物品，对现场所有物品按照三易（易取、易放、易管理）、三定（定位、定量、定容积）原则进行统一规范管理，工作现场生产环境得到了明显改善。同时9S管理活动的开展，为采油厂精细化管理工作奠定了基础，对员工习惯养成、自觉遵守各项规章制度、更好履行岗位职责起到不可小觑的作用，员工工作效率得 到显著提高。如：通过整理、整顿活动的开展，所有岗位员工均能在30s内找到所需工具；通过清扫、清洁活动的开展，现场无用杂物被清除、各类标识、提示牌清楚，员工在这种标准化现场中工作其积极性得到了提高，工作效率自然就会得到提升。

2. 物尽其用、杜绝浪费，降低生产成本

通过整顿活动的开展对工作现场的所有物品进行了定位、定量管理，规范了生产现场物资使用管理。节约这一要素的加入，对整理工作进行了补充

和指导，通过宣传教育活动，使员工养成了勤俭节约的工作习惯、生活习惯，从员工意识上进一步强化成本管理工作。同时，塔河采油一厂对现场废旧设备设施实行送修制度，保证废旧物资修复再利用。如：2013年，塔河采油一厂共送修70、105采油树及套管头95台（套），送修废旧油管及抽油杆79978根，真正做到了物尽其用，有效降低了生产成本（见表2-10、表2-11）。

图2-14　生产现场9S管理现状

3. 全员安全意识提升，现场隐患及设备故障率显著降低

9S管理活动是一项系统工程，杜绝"低、老、坏"、实现"三清、四无、五不漏"也是9S管理最终要达到的重要目标之一。生产现场的整理、整顿、清扫、清洁等管理活动的开展，实际上也是对现场隐患排查整改的过程。9S管理涵盖了生产现场的方方面面，员工通过参与9S管理，其安全意识、规范值岗意识、隐患整改意识均得到了提升。

9S管理各要素为塔河采油一厂全体干部职工提供了行动指南，《塔河采油一厂9S活动推进实施方案》对各个工作要素进行了详细说明。通过几年的不断推行、持续改善，生产现场隐患及设备故障率明显降低，标准化井站建设效果显著。

表 2-10 塔河采油一厂 2013 年 70、105 采油树及套管头维修井上使用情况

型号	级别	采油树编号	大四通编号	套管头编号	升高短节编号	领料单位	使用井号	领料日期	送修日期
70	EE	2011042	2011042			胜利大修十四队	AT11-3		2013-01-04
105	EE	2011054	2010063			胜利大修 26 队	S89		2013-01-11
70	EE	2005095	2006134		2011B0131	胜利方圆大修十一队	KZ5-1H		2013-01-12
70MPa 采油树	EE	2009035	2009035			胜利同泰作业 3 队	TK315		2013-01-13
70MPa 采油树	EE	2009023				胜利大修 19 队	TK939		2013-01-14
70MPa 采油树	EE	2006134	2005095			胜利井下 20 队	AT9-9		2013-01-15
105	EE	2011046	2011046		20130130	胜利方圆大修九队	AT24		2013-01-30
70MPa 注采一体化井口	EE	2013006	2013006			荣利修井	T402		2013-02-05
70MPa 注采一体化井口	EE	2013007	2013007			胜利方圆修井大修九队	TK407	2013-02-20	2013-02-05
70MPa 采油树	EE	2012034					TK416		2013-02-08
70MPa 采油树	EE	2010023	2010023		2012B0057	濮阳汇通修井队	TK423CH	2013-02-13	2013-02-14

表 2-11 塔河采油一厂废旧油管送修统计

送修单位名称*	承修单位名称*	送修时间*	送修总数量	申请部门	申请人	申请时间
塔河采油一厂	巴州鸿源	2013-02-19 星期二 0:00:00	0	塔河采油一厂		
塔河采油一厂	巴州鸿源	2013-01-10 星期四 0:00:00	2000	塔河采油一厂	魏莎莎	2013-01-24 星期四 0:00:00
塔河采油一厂	轮台龙兴钻采配件修复有限公司	2013-01-01 星期二 0:00:00	850	塔河采油一厂	魏莎莎	2013-01-24 星期四 0:00:00
塔河采油一厂	北京隆基恒业科技有限公司	2013-06-02 星期日 18:00:45	293	塔河采油一厂	王惠清	2013-06-02 星期日 0:00:00
塔河采油一厂	轮台龙兴钻采配件修复有限公司	2013-06-01 星期六 11:25:31	20	塔河采油一厂	王惠清	2013-06-01 星期六 0:00:00
塔河采油一厂	新疆通奥油田技术服务有限公司	3013-05-26 星期日 17:34:39	628	塔河采油一厂	王惠清	2013-05-26 星期日 0:00:00
塔河采油一厂	新疆通奥油田技术服务有限公司	3013-05-26 星期日 17:33:55	1098	塔河采油一厂	王惠清	2013-05-26 星期日 0:00:00
塔河采油一厂	轮台龙兴钻采配件修复有限公司	3013-05-27 星期一 12:55:18	477	塔河采油一厂	王惠清	2013-05-27 星期一 0:00:00
塔河采油一厂	新疆通奥油田技术服务有限公司	3013-05-24 星期五 10:43:35	887	塔河采油一厂	王惠清	2013-05-24 星期五 0:00:00
塔河采油一厂	新疆通奥油田技术服务有限公司	2014-08-04 星期一 0:00:00	92	塔河采油一厂	王惠清	2014-08-04 星期一 0:00:00
塔河采油一厂	轮台龙兴钻采配件修复有限公司	2013-05-30 星期四 10:14:52	151	塔河采油一厂	王惠清	2013-05-30 星期四 0:00:00
塔河采油一厂	新疆通奥油田技术服务有限公司	2013-05-24 星期五 10:43:17	710	塔河采油一厂	王惠清	2013-05-24 星期五 0:00:00
塔河采油一厂	轮台龙兴钻采配件修复有限公司	2014-04-22 星期二 0:00:00	1474	塔河采油一厂	王惠清	2014-04-22 星期二 0:00:00
塔河采油一厂	新疆通奥油田技术服务有限公司	2014-04-27 星期日 0:00:00	164	塔河采油一厂	王惠清	2014-04-27 星期日 0:00:00
塔河采油一厂	新疆通奥油田技术服务有限公司	2014-09-01 星期一 0:00:00	283	塔河采油一厂	王惠清	2014-09-01 星期一 0:00:00
塔河采油一厂	新疆通奥油田技术服务有限公司	2014-08-18 星期一 0:00:00	216	塔河采油一厂	王惠清	2014-08-18 星期一 0:00:00
塔河采油一厂	新疆通奥油田技术服务有限公司	2014-08-14 星期四 0:00:00	96	塔河采油一厂	王惠清	2014-08-14 星期四 0:00:00
塔河采油一厂	新疆通奥油田技术服务有限公司	2014-08-25 星期一 0:00:00	161	塔河采油一厂	王惠清	2014-08-25 星期一 0:00:00
塔河采油一厂	新疆通奥油田技术服务有限公司	2014-08-01 星期五 0:00:00	208	塔河采油一厂	王惠清	2014-08-01 星期五 0:00:00

4. 潜移默化，员工精神面貌得到改善

9S 管理活动在塔河采油一厂的成功应用，不仅对工作现场、工作环境的改善起到了积极而重要的作用，同时也对员工参与安全管理工作的积极性提升起到了重要的作用。9S 管理活动开展以来，塔河采油一厂全体干部职工均能够自觉遵守现场管理要求、自觉履行自身职责、积极参加单位组织的培训考核、自觉学习安全理论知识、提高自身岗位操作技能，这些改变正是 9S 管理工作开展要达到的更高层次的目标。9S 管理工作在塔河采油一厂的稳步推进，在抓好现场各项管理工作的同时，潜移默化地使采油厂全体员工的精神面貌得到了改善。

图 2-15 塔河采油一厂员工精神面貌得到改善

5. 9S 管理效果显著，全员自主管理意识培养初见成效

9S 管理活动在塔河采油一厂的发展与应用经过了约 10 年时间，从 5S 管理到 7S 管理再到 9S 管理、从注重对现场的管理到注重对员工综合素质的提升，是一个缓慢推进、持续改善丰富、务求实效的过程。10 年间，塔河采油一厂将干净、整洁、规范的工作环境，安全、节约、服务的员工基础素质要求，内外部人员对企业的满意度等落实到了企业安全管理工作当中，企业安全管理工作稳步提升。

不管是在 5S 管理阶段、7S 管理阶段，还是现在的 9S 管理阶段，提升员工素养都是企业要达到的最终目标。塔河采油一厂通过各个阶段管理工作的顺

利开展, 逐步使全厂干部职工的责任意识、岗位意识、安全意识、节约意识及服务意识等得到改善和提升。9S管理活动在塔河采油一厂的推广及成功应用, 为全厂干部职工更好开展本职工作、形成遵守规章制度按章操作的工作习惯、自觉遵守各项法律法规起到了积极而重要的支撑和基础作用。9S管理活动开展至今, 塔河采油一厂全体干部职工的自主管理意识已得到了显著提高。

四、"目视化"在生产现场的应用
提升了岗位安全管理系数

(一) 目视化工作开展背景

1. 目视化管理定义

目视化管理是利用形象直观而又色彩适宜的各种视觉感知信息来组织现场生产活动, 达到提高劳动生产率、安全性的一种管理手段; 是以公开化和视觉显示为特征的管理方式, 综合运用管理学、生理学、心理学、社会学等多学科的研究成果; 是行之有效的科学管理手段, 它与看板结合, 成为岗位操作现场的重要组成部分。

总的说来, 目视化管理是指通过视觉采集信息后, 利用大脑对其进行简单判断 (并非逻辑思考) 而直接产生"对"或"错"的结论的管理方法。这种方法最大的优点是直接、快捷。

2. 为什么要开展目视化管理

油公司模式下的塔河采油一厂以"生产专业化、竞争市场化、管理合同化、效益最大化"为原则, 围绕油气开发核心业务流程, 实行市场化运作, 合同化管理, 专业化服务和社会化依托的企业经营方式运营。由于塔河采油一厂地处沙漠边缘, 自然环境恶劣, 同时随着油藏的开发, 工作量逐年增加, 这些客观事实都给采油厂的安全管理带来了极大的挑战。采油行业多接触高压、高温、剧毒等作业场所, 推行目视化管理有其必要性和必然性。

安全生产的核心在现场, 目前一线岗位操作人员全部由专业化服务队伍承包商提供, 但由于采油厂地处沙漠边缘, 甲方职工实行连续工作两个月, 休息一个月的倒休制度, 在岗人员少, 监护不到位; 专业化队伍职工连续工作时间长,长期进行重复性劳动,容易产生疲劳,对安全操作规章制度产生无意识的习惯性违章。为此,通过总结多年管理经验,借鉴先进的现代安全管理技术,采油厂在现场进行了目视化管理探索。

(二)目视化管理开展情况

1. 探索开展阶段

2012年年初,塔河采油一厂选择了具有代表性的S65流程和4-1计转站作为目视化试点开展目视化建设工作。虽然前期开展的9S管理与目视化有部分交集,但系统化的进行目视化建设与管理没有现成经验,如何开展适用于采油一厂的目视化管理体系,成为一项巨大挑战。整个探索阶段一直持续了5个月,其中最难也是最重要的是原则、要点的确定和标准的建立。在充分集合广大一线干部职工的智慧,经历了4次讨论后,最终确定了目视化试点建设目的和标准。

(1) 目的

① 判断标准一目了然,所采取措施的准确性有保证;

② 防止人为失误;

③ 事先预防各类隐患和浪费。

(2) 原则

① 视觉化:彻底进行色彩,形状声音等管理;

② 透明化:企业内部无论是管理还是信息都彻底变成"透明鱼缸";

③ 界限化:正常与异常的界限彻底化,实际状态一目了然。

(3) 要点

① 新进员工都能判断是好是坏;

② 新进员工都能迅速判别;

③ 新进员工都能判断改进方法,而且不会出现偏差。

(4) 执行水准

① 初级:有标识;

② 中级:都能判断好与坏;

③ 高级:管理方法(异常处置方法)标识清楚并且都能执行。

目的和标准的确定迈出了塔河采油一厂目视化管理建设的第一步，也是最重要的一步。在 S65 流程和 4-1 计转站按照 5W2H 工作方法，即 why(要做的理由)、where(工作场所)、who(担当者)、what(工作内容)、when(时间限制)、how(具体方法)、how much(程度把握)，开展了扎实充分的工作，达到了预期的中级水准效果。主要表现在以下几个方面：

① 制度上墙，岗位职工在潜移默化中入脑入心；

② 划分区域，对危险区域进行标示，规范巡检路线；

③ 警示提示、警示牌与提示牌告知使员工明白危险，懂得自我保护。

图 2-16 目视化建设后的现场

2. 大范围推广阶段

在 S65 流程和 4-1 计转站目视化管理建设探索开展取得预期效果后，2012 年 6 月，塔河采油一厂制定了更加详细的推进方案，对开展要求进行了进一步细化，同时考虑到节省成本，去繁就简，对建设标准进行了明确，开始在全厂范围内进行推广。

(1) 目视化管理推广目标

目视化管理推广目标包括作业管理目视化、设备管理目视化、材料工具管理目视化以及消气防管理目视化（见表 2-12）。

① 作业管理目视化：包括作业标准目视化，作业流程、状态、计划、进度目视化。

② 设备管理目视化：包括各种开关、仪表目视化，设备操作、点检、维保目视化，设备状态性能目视化，设备责任人目视化。

③ 材料工具管理目视化：包括材料放置方式的目视化管理，材料定量的目视化管理，材料周转顺序的目视化管理，材料状态的目视化管理，工具摆放取用目视化管理。

④ 安全管理目视化：包括消防器材管理目视化，危险点管理目视化，安全警示标语目视化，安全责任区域管理目视化，安全责任人员目视化，安全宣传目视化。

(2) 目视化管理建设计划

目视化管理建设计划见表 2-13。

(3) 目视化建设标准

目视化建设标准说明见表 2-14。

3. 巩固深化阶段

通过二阶段全厂范围推广后，目视化建设涵盖了采油厂所有重要现场，达到了预期效果。由于站场的增加以及油田专业化服务队伍（代运行队伍）人员的更替，要想保住来之不易的成果，还需要长期的不断投入和持续的巩固深化。

(1) 现场维护保养

① 新增站场

随着油田的开发，每年都有新增的油气井和各类站场，采油厂每年落实专项资金预算，确保新增站场目视化建设及时到位。2013~2014 年，共对 23 口新增油气井、3 个新增计转站进行了目视化建设，确保全厂标准统一、现场统一、管理要求统一。

② 利旧使用

对老化不能使用的各类标示及时进行维修更换，充分考虑成本因素，推行利旧管理，将老化标示进行重新喷涂，节省彻底更换成本。

表 2-12 目视化管理推进目标说明

序号	项目	目视化管理项次	目视化管理现状	后续推进目标	责任单位	协助部门
1	作业管理目视化	① 作业标准目视化	完善了各个岗位的作业标准的制定工作	利用图片、表格等更直观的工具使作业标准目视化程度更高	各队站	生产科、安全科
		② 作业流程目视化	明确各工作的作业流程	利用图片、表格等更直观的工具使作业标准目视化程度更高	各队站	生产科、安全科
		③ 作业状态目视化	利用警示牌、图片等表示作业状态	完善作业状态目视化的推广工作	各队站	生产科、安全科
		④ 作业计划、进度目视化	利用看板、表格使作业计划、进度目视化	利用看板、图片等更直观来作业计划、进度目视化程度更高，并做好保持检查工作	各队站	生产科、安全科
2	设备管理目视化	① 各种开关、仪表目视化	利用颜色、图标等工具使各种开关、仪表目视化（如：阀门开关利用知识箭头关表明开、关）	利用各种工具进一步完善开关、仪表的目视化工作，并做好各落实检查工作，如用不同颜色的箭头来标明不同管道和仪表的正常异常范围	各队站	设备科、安全科
		② 设备操作、点检、维修目视化	利用图表使设备的操作、点检、维修目视化	充分利用工具使设备的操作、点检、维修目视化程度更高	各队站	设备科、安全科
		③ 设备状态性能目视化	利用图表使设备的状态、参数性能目视化	利用标语、表格、警示标语等直观标语使设备状态、性能目视化程度更高	各队站	设备科、安全科
		④ 设备责任人目视化	制作设备责任人卡片张贴于设备上	利用图片完善设备责任人的目视观的工具使设备目视化程度更高	各队站	设备科、安全科
3	材料管理目视化	① 材料放置方式的目视管理	明确各种材料分区放置且明确原则、指定区域摆放	利用图片，并明确设备责任人的职责，有照片对应	各队站	设备科、安全科
				各类材料根据其特性，利用看板、警示标志提高目视化程度更高	各队站	设备科、安全科

续表

序号	项目	目视化管理项次	目视化管理现状	后续推进目标	责任单位	协助部门
3	材料管理目视化	②材料定量的目视管理	完善各类材料标台账，标示详细醒目	利用看板、图标等更直观的工具使定量目视化管理	各队站	设备科、安全科
		③材料周转顺序的目视管理	完善材料、工具取用、回收的标准化、目视化	利用看板、图标、制度牌等工具使目视化管理更加直观	各队站	设备科、安全科
		④材料状态的目视管理	材料、工具使用状态的目视化、标准化	利用看板、挂牌等工具标明材料状态，提高目视化程度	各队站	设备科、安全科
		⑤工具摆放取用目视化管理	工具柜分类摆放取用标准化、目视化	利用标示牌、图标等工具明工具位置、分类摆放，取用目视化程度	各队站	设备科、安全科
4	安全管理目视化	①消防器材管理目视化	明确消防器材的位置、责任人、管理办法、使用方法等进行有效管理	利用图片、颜色区分、真人示范、警示标语等方式使消防器材的管理及使用目视化	各队站	安全科
		②危险点管理目视化	明确各危险点的位置、危险种类、责任人、注意事项、警示标语等进行有效管理	利用图表、警示标语等方式将危险点得目视化	各队站	安全科
		③安全警示标语目视化	安全警示标语悬挂张贴在醒目的位置	利用图片醒目颜色将安全警示标语挂贴在张贴位置及危险源附近，将可能造成的后果目视化	各队站	安全科
		④安全责任区域管理目视化	明确安全责任区相关规定进行有效管理	将安全责任区域用不同颜色区分、明确区域的管理职责及管理重点	各队站	安全科
		⑤安全责任人员目视化	明确各个区域责任人进行目视化管理	利用图片明确责任人的工作内容、工作范围，责任人的职位、联系方式，应该达到的标准，以及检查考核办法	各队站	安全科
		⑥安全宣传目视化	利用图片、影像、条幅等方式进行安全教育及宣传	充分利用看板、图片、影像、条幅等方式将安全宣传目视化	各队站	安全科、党群办公室

表 2-13 目视化管理建设计划表

序号	单位	地点				责任人	部门责任人
		6 月	7 月	8 月	9 月		
1	采油一队	注水站中控岗、卸油岗、门卫岗	注水站分离器岗、综合岗、外输岗	注水站水处理岗、加药岗、注水岗	S1071CH 流程	仇东华	王超
2	采油二队	2-1 站	2 号站、TK260 流程	4-3 站、2-2 站	3-1 站、TK466、TK429CX 掺稀流程	姜昊刚	安永福
3	采油三队	S72 计转站、9-1 站	九集集气站、9-1 计转站	YT2 计转站、S72 站	9-1 计转站、9-2 站	卢卫平	蒋群
4	采油四队	GP4 集气站、TK1118X 流程、S112 流程	AT9 计转站、THN1 流程、AT10 流程、TK1127 流程	KZ1 计转站、AT11 集气站、AT9-8 注水流程、AT12 流程、GP4 流程	TP19 流程、TP17 流程、TP38 流程、TP304 流程、TP25 流程、TP26 流程	赵国	刘小军
5	联合站	270×10⁴t 集输站外输岗、储罐岗	1 号站、装车站、卸油站	3 号站、4-2 站、4-4 站	集输综合岗、扩建原稳消防岗、水区岗、中控岗	王川	游邦琛
6	天站	30×10⁴m³ 装置中控岗、压缩机岗、工艺岗	综合岗、充装班组、维修班组	50×10⁴m³ 装置中控岗、压缩机岗、工艺岗	综合岗、储罐岗、凝稳岗、消防岗	苏德江	范若俊

表 2-14 各区域建设标准说明

序 号	区域	安装位置	内容	参考数量	类 型	备 注
1	值班室	值班室内墙上	采油工岗位职责	1	制度牌	活动房值班室：60cm×40cm（高×宽）站场固定值班室：70cm×50cm（高×宽）
2			采油工交接班制度	1	制度牌	
3			单井计量制度	1	制度牌	
4			设备管理保养制度	1	制度牌	
5			水套炉操作规程	1	制度牌	
6			抽油机启停操作规程	1	制度牌	
7			管理要求（制度）	1	制度牌	
8			采油安全生产禁令	1	制度牌	
9			技术计量安全生产禁令	1	制度牌	
10			中石化安全生产禁令	1	制度牌	
11			安全保卫应急处置操作流程图	1	张贴图	
12		值班室外墙上	作业必戴安全帽	1	提示牌	
13		静电释放装置悬挂	请释放静电	1	提示牌	58cm×48cm（高×宽）
14	配电柜	配电柜前	高压危险请勿靠近	1	警示牌	
15			当心触电	1	警示牌	
16			戴绝缘手套	1	提示牌	
17			禁止合闸	1	小贴士	10cm×7cm（长 * ×宽）
18	储油罐区	储油罐区	储油罐区	3	指示牌	58cm×48cm（高×宽）
19			当心滑跌	1	指示牌	
20			当心有害气体中毒	3	警示牌	
21			请释放静电	3	提示牌	
22	外输泵区	外输泵侧面	先检查，后操作，在检查	1	提示牌	
23			一人操作一人监护	1	提示牌	
24			严格按操作规程操作	1	提示牌	
25			外输泵区	2	指示牌	
26		机泵防护罩	启泵前，先盘泵	3	小贴士	10cm×7cm（长×宽）
27			防止机械伤害	3	小贴士	
28	采油树	油嘴套	先泄压后操作	1	小贴士	

续表

序 号	区域	安装位置	内容	参考数量	类 型	备 注
29	采油树	采油树前	先检查后操作再检查	1	提示牌	58cm×48cm（高×宽）
30		盘根盒	请在下死点紧盘根盒	2	小贴士	
31		油管四通	侧面开关闸门	2	小贴士	
32		悬绳器	当心碰头	2	小贴士	10cm×7cm（长×宽）
33		光杆密封器	启机前确认是否打开	2	小贴士	
34	抽油机	抽油机梯子处	登高请系安全带	2	小贴士	
35		曲柄	运转部位防止伤害	2	小贴士	
36		启动柜门上	戴绝缘手套，侧身操作	2	小贴士	
37		护栏悬挂	先停机 后操作	1	提示牌	
38	加热炉区	护栏悬挂	先检查，后操作，在检查	1	提示牌	58cm×48cm（高×宽）
39		操作间	严格按"三下点火"操作	3	警示牌	
40			侧身点火	3	提示牌	
41			注意通风	3	提示牌	
42		泵 区	启泵前，先盘泵	3	小贴士	10cm×7cm（长×宽）
43			防止机械伤害	3	小贴士	
44		加热炉前	区域牌	1	指示牌	58×48（高×宽）
45	其 他	管线上	流程走向图	若干	箭头贴纸	15×3（长×宽）

注：①参考数量仅供参考，具体根据各站、流程情况上报需求数量，要求合理配备、节约成本；②小贴士为亚克力材质带磁铁，采油树上使用蓝底白字，站内为红底白字，要求统一、醒目；③执行标准：GB 2894—2008《安全标志及其使用导则》。

(2) 人员意识培养

随着社会经济的发展，代运行员工的薪酬待遇吸引力下降导致一线岗位员工更替率居高不下，最终造成重复性培训工作增多。塔河采油一厂持续固化三级安全教育考核机制，将专业化服务队伍作为班组培训的一个环节，缓解基层队站单一培训的压力。通过层层把关培训，级级审查考核，夯实专业化服务队伍员工的安全基础。

目视化建设的开展充分缓解了培训压力，通过看板、标示、标线等提高了员工按规操作的认知程度，形成了现场即是"课堂"的新模式。该管理方法提升了现场安全，促使岗位员工技能稳步提升。

(3) 应急处置

要想达到目视化管理的高级水平，即管理方法（异常处置方法）标识清楚的目标，简单的标示比较容易实现，但异常状况的发生有其多变性，标示只能给出一种或几种处置方法、方案。实际处置时情况多变，更多的是需要处置人员根据经验来判断，制定处置方案，处置过程中灵活应对。为此，塔河采油一厂一方面用浅显易懂的语言、图表对应急处置方法进行标示告知；另一方面结合安全教育培训和正激励活动，开展应急培训和演练，对提出异常处置合理化建议、积极查改隐患的员工进行奖励，使岗位职工形成"多看、多听、多想、多问"的良好习惯，营造"我懂、我能、我敢、我干"的良好氛围。

（三）取得的效果

1. 现场管理更加规范化、标准化，提升本质安全水平

自2012年实施目视化管理建设以来，塔河采油一厂共对全厂23个站场、18个重点流程、78口有人值守单井进行了目视化规范建设。通过设备告知牌对重要设备的原理、操作规程、注意事项进行告知，保证了设备的正常、高效运行。对站内巡检路线进行规范，危险区域进行了警示告知，减少了人员出现在危险区域的频次，降低了人员伤害概率。

通过目视化管理的开展，实现了现场需要管理的地方一目了然；了解生产现场正常与否更加容易，从远处就能辨认出生产运行正常与否；任何人都更容易知道应该如何遵守操作规程，并且失误了容易更改。各项工作的稳步推进使生产现场不断向更整洁、更规范的方向发展，使员工遵规守规、学标准、用标准、按标准办事的积极性进一步提高，最终确保操作人员和设备的本质安全。

2. 督查点次逐年增加，现场习惯性违章数量不断降低

2011~2013年，由于生产需要，作业量增多，督查点次从956点次增加到了1385点次，增加了44.87%；而发现的习惯性违章数从39次减少到13次，

下降 66.67%(见图 2-17)。尤其是不系安全带帽带、硫化氢气体检测仪忘记开机、不按规定路线巡检，无防护进入危险区域等习惯性违章在现场已经基本杜绝。2012 年目视化管理开展以来，发现的习惯性违章数大幅下降，从 39次下降到 25 次，数据上的下降说明现场岗位人员体会到了目视化的好处，在潜移默化中自觉遵守规程规范要求；2013 年持续开展了目视化巩固深化，习惯性违章数目进一步减少至 13 次。在以后的工作中，需要更进一步发挥目视化管理的积极作用，彻底杜绝现场习惯性违章次数，同时加强宣贯，结合正激励手段，提高员工积极性，使责任事故得到了杜绝。

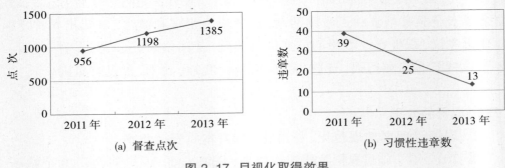

(a) 督查点次　　　　　　　　　　(b) 习惯性违章数

图 2-17　目视化取得效果

五、全面推行 JSA 作业安全分析，确保现场施工安全

(一) 油田企业安全与 JSA 分析法

1. 油田企业事故发生原因的多样性和普遍性

油田企业危险事故可能是由单一原因或多个原因所致，原因又分多种类型。常见的事故原因包括设计错误、设备/材料原因、人员失误、管理不当、人员安全素质低下、危险识别不到位、控制不当、外部原因等 8 种类型，这些原因最终导致了各类潜在危险事故的发生。经验表明，引发危险事故的原因不但具有多样性，而且普遍存在于所有生产设备以及相关作业现场之中，因此发生危险事故的可能性无处不在、无时不有。

2. 传统作业安全管理存在缺陷

油田企业以往大量的灾难性事故证明，传统作业安全管理存在缺陷。传统的作业安全管理缺陷可能给生产装置及各类施工作业埋下重大隐患，主要原因有：

① 油田现代化装置的日益复杂化和高度一体化使得生产规模日益扩大，一些以往因为环境危害大、高压高含硫等危险系数高而无法攻克的油气田正逐步被开采。伴随着危险化学品存量增加，出现事故的风险也在增加。作业安全管理人员对如此大型和复杂的系统还缺乏事故防范经验，对事故可能导致的重大后果及影响可能缺乏预测和评估，事故预防措施尚未经历过实践考验和验证，因此，作业安全管理有待提高，作业安全管理方法需要通过系统的方法加以完善。

② 传统作业安全管理方法存在缺陷和遗漏。主要问题是：在作业过程中，对危险因素的识别仅限于作业人员自身的经验。由于作业人员的安全素质和经验有限，不可能所有作业人员都有丰富的安全知识和素质，能识别出作业过程中的隐患。如果对作业过程的危害因素识别不到位，未采取防范措施，就会导致事故的发生。另外，常常由于各项作业进度紧迫、时间短、任务重、人员不足等因素导致危害识别被忽略，或者未采取安全措施进而导致事故的发生。

3. 重大作业过程事故教训

油田企业是危险性极高的行业，一旦发生火灾、爆炸、毒气泄漏等重大事故，其损失将极为惨重。几十年来，全世界范围内由于在施工、操作作业过程中违规操作而引发了不少灾难性事故，造成了严重的人员伤亡、财产损失和环境污染。

例如：2003 年 12 月 23 日 21 时 57 分，位于重庆市开县高桥镇的中国石油天然气集团公司四川石油管理局川东钻探公司钻井二公司川钻 12 队承钻的川东北气矿罗家 16H 井在钻井作业中违规起钻，引发一起井喷特大事故，造成 243 人死亡（职工 2 人，当地群众 241 人），直接经济损失 9262.71 万元。

4. 实施 JSA 分析法的必要性

由于引发危险事故的原因具有多样性，而且发生危险事故的可能性无处不在、无时不有,加之传统作业安全管理存在缺陷,因此油田企业在施工现场、工艺操作等现场作业中存在多种事故隐患。以上提及的危险因素也直接导致了各类事故时有发生。历史教训使人们深刻地认识到:必须在作业施工前识别出潜在的安全危险。如果能够预先识别出问题所在,就能防止事故的发生!

工作安全分析法 (Job Safety Analysis, JSA) 可以帮助作业人员准确地识别潜在的事故原因,帮助作业人员找到每一个作业步骤中存在的安全风险,并提出安全措施,在每一项作业前提前部署,降低作业风险。

JSA 作为专门针对作业安全的危险分析方法,在全世界范围内得到广泛认可。很多国家和知名企业将 JSA 分析法作为预防重大事故计划的一个重要部分。

(二) 什么是 JSA 分析法

1.JSA 的概念和由来

JSA 是 Job Safety Analysis 的缩写,又称作业安全分析法,是指事先或定期对某项工作任务进行风险评价,并根据评价结果制定和实施相应的控制措施,达到最大限度消除或控制风险的方法。

JSA 由美国葛玛利教授于 1947 年提出,是欧美企业长期使用的一套较先进的风险管理工具之一,近年来逐步被国内企业所认识并接受,率先在石油化工企业导入使用,并收到了良好的成效。它是通过有组织的过程对作业中存在的危害进行识别、评估,并按照优先顺序来采取控制措施,降低风险,从而将风险降低到可接受的程度。组织者可以指导岗位工人对自身的作业进行危害辨识和风险评估,仔细地研究和记录工作的每一个步骤,识别已有或者潜在的危害。然后,对人员、程序、设备、材料和环境等隐患进行分析,找到最好的办法来减小或者消除这些隐患所带来的风险,以避免事故的发生。

2.JSA 的应用领域

JSA 分析法主要应用领域包括:周期较长的作业、曾经发生过事故的作业、风险较大的作业、一项新的作业、非常规性作业、承包商作业以及需要办理许可作业票的直接作业。

3.JSA 的基本步骤

JSA 一般分为口头 JSA 和书面 JSA 两种。口头 JSA 适用于风险较小、作业内容简单、作业场所经常变动的工作，一般在作业现场进行；对于风险较大、人员配合较多、大型或复杂的任务，则适合使用书面 JSA，主要在办公室以桌面练习的形式进行。JSA 的关键是应由熟悉现场作业和设备的、有经验的人员进行作业安全分析。

JSA 通常采取下列步骤：

① 实施作业任务的小组成员负责准备 JSA。将作业任务分解成几个关键的步骤，并将其记录在作业安全分析表中。JSA 小组成员（通常 3~4 人）要求有相关的经验，建议小组中：有 1 位了解作业区域和生产流程设备的操作人员，有 1 位负责实施作业小组的成员，有 1 位安全专业人员。

② 审查每一步作业，分析哪一个环节会出现问题并列出相应的危害。JSA 小组可以使用由专业人员针对具体作业任务而制定的危害检查清单（根据具体作业而制定）。

③ 针对每一个危害，对现有的控制措施的有效性进行评估。

④ 对于那些需要采取进一步控制措施的危害，可通过提问"针对这项危害，如何预防与控制？我们还能做些什么以将风险控制在更低的范围？"，考虑在分析单内增加进一步的控制措施。

⑤ 审查完所有作业步骤后，安全主管或协调员或经理应将所有已识别的控制措施在安全分析工作表中列出，包括：作业危害、控制要求、在作业期间谁负责实施执行等。

⑥ 安全主管或协调员或经理应将所有 JSA 文件存档，如果某项作业任务以后还可能进行，应考虑建立 JSA 数据库，以备将来审查时借鉴和使用。

⑦ 负责该项作业任务的监督者应确保在审批该项作业许可证时，作业安全分析表和作业许可申请单附在一起。

⑧ 由作业任务的监督者向所有参与作业的人员介绍作业危害、控制措施和限制（通常通过作业前安全会），并确保所有控制措施都按照 JSA 的要求及时实施。

4.JSA 的优势

① 消除重大的危害,减少事故;

② 风险管理细化到每一个具体作业;

③ 由作业者本人管理自己作业中的风险;

④ 通过参与对 JSA 的编写、讨论、沟通、遵守及修订等,提高员工对作业中危害的识别以及风险控制能力;

⑤ 确保正确的控制措施到位并落实;

⑥ 持续地改善安全标准和工作条件。

(三) JSA 分析法在塔河采油一厂的应用

2013 年,塔河采油一厂重点在各级生产、检修作业现场推广 JSA 分析法,旨在通过风险评价,制定控制措施,最大限度消除和控制各级作业中存在的风险。5 月 6 日,塔河采油一厂天然气处理站 $30 \times 10^4 m^3$ 轻烃回收装置停产检修被作为首批 JSA 试点项目进行落实推广。在对 JSA 分析法的涵义与要领做了详细宣贯与讲解后,采油厂组织天然气处理站相关人员进行开会讨论,并针对方案的制定与实施作出部署与指导。

天然气处理站 $30 \times 10^4 m^3$ 轻烃回收装置检修工程共涉及压力容器检修 44 台,其中开罐压力容器 18 台、不开罐压力容器 26 台,还包括脱乙烷塔更换、压缩机 B 机地基破除机体更换等大型特种作业,工程浩大。在厂领导和安全科的指导与协助下,天然气处理站成立 JSA 分析组,运用 JSA 分析法将整个 $30 \times 10^4 m^3$ 轻烃回收装置检修工程分为装置停运、氮气置换、分子筛更换、脱乙烷塔更换、管线打开与阀门更换、脱丁烷塔清洗、动火作业、受限空间作业 (容器)、高处作业、吊装作业、临时用电作业等 11 类内容,对每类内容按施工顺序分步骤进行危害识别,对存在的风险进行评估,制定控制危害的措施,并经采油厂审核通过最终作为这 11 项施工作业的 JSA 分析表,每台压力容器、每个直接作业环节都对应一张 JSA 分析表。表 2–15 为更换脱乙烷塔的 JSA 分析。

针对检修各项工作量细分为压力容器检修、换热器检修、阀门更换、脱乙烷塔更换等 6 个小组,每个小组制定负责人,针对每个小组每一天的检修内容按照 JSA 分析表分步骤的风险评估和防范措施进行现场确认合格后方可进行每一步的施工工序。整个工程先后通过施工前安全教育、全装置氮气置换、开工验收、现场全天候作业监护、氮气置换及进气投产等 5 个阶段进行。

表 2-15　工作安全分析表——更换脱乙烷塔

作业名称:更换脱乙烷塔	作业地点:30×10⁴m³ 轻烃回收装置	分析人员:安全员、HSE监督员、生产、设备、仪表管理员	时间:
任务或步骤描述	潜在危害	危害控制措施	
第一步:拆除与脱乙烷塔相连的法兰螺栓 5 处(气相进塔、干气出塔、塔底进再沸器、再沸器气相回塔、低温分离器液相进塔)	物体打击,高处坠落	① 所有拆除管线必须捆绑牢靠; ② 所有拆除的螺栓必须装在工具袋内; ③ 作业人员必须挂安全带	
第二步:拆除完毕后,与塔连接的5处法兰(气相进塔,干气出塔、塔底进再沸器、再沸器气相回塔、低温分离器液相进塔)加装盲板	物体打击,高处坠落	① 所有拆除管线必须捆绑牢靠; ② 所有拆除的螺栓必须装在工具袋内; ③作业人员必须挂安全带	
第三步:吊车 (50t) 就位,旧塔吊装捆绑与滑车组栓结并系挂牵引绳,均匀对称拆除地脚螺栓,起吊放置于指定地点	① 吊车位置摆放不当,发生倾覆事故; ② 落物伤人、高处作业发生坠落捆绑不牢靠发生掉落; ③ 牵引绳牵引不当与装置区其他装置发生碰撞	① 吊车摆放于乙塔的南侧,吊车支腿必须垫枕木; ② 吊具必须牢靠的系挂于吊耳上; ③ 必须由专人指挥,牵引绳长度不小于 30m 且不少于 3 根,每根牵引绳至少有 3 人牵引	
第四步:吊车 (50t) 就位,新塔吊装捆绑与滑车组栓结并系挂牵引绳,均匀对称安装地脚螺栓	① 吊车位置摆放不当,发生倾覆事故; ② 落物伤人、高处作业发生坠落捆绑不牢靠发生掉落; ③ 牵引绳牵引不当与装置区其他装置发生碰撞	① 吊车摆放于乙塔的南侧,吊车支腿必须垫枕木; ② 吊具必须牢靠的系挂于吊耳上; ③ 必须由专人指挥,牵引绳长度不小于 30m 且不少于 3 根,每根牵引绳至少有 3 人牵引	
第五步:连接与脱乙烷塔相连的法兰螺栓 5 处(气相进塔,干气出塔、塔底进再沸器、再沸器气相回塔、低温分离器液相进塔)	物体打击,高处坠落	① 所有安装管线必须捆绑牢靠; ② 作业人员必须挂安全带	
审批人:	审批人职务:	日期:	

从 5 月 20 日 14:00 全装置停产置换到 5 月 28 日 22:00 原料气压缩机顺利启机，整个 $30 \times 10^4 m^3$ 轻烃回收装置停产检修工作历时 200h，比原计划工期 480h(20d) 整整提前了 280h，预计增加轻烃产量 200t、液化气产量 255t，减少 $300 \times 10^4 m^3$ 天然气放空。整个检修工程在项目组人员的精心布置和 JSA 分析法的贯彻实施下统筹计划、节点分明、安全可控、平稳高效，在达到安全"三零"目标的同时，也为采油厂带来了巨大的环保和经济效益。该检修项目的成功实施得到了上级单位的表扬 (见图 2-18)。

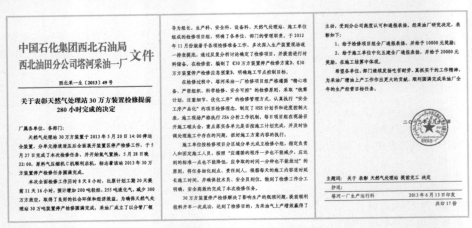

图 2-18　上级表彰文件

JSA 分析方法在塔河采油一厂 $30 \times 10^4 m^3$ 轻烃回收装置停产检修中应用取得巨大成功后，西北油田分公司、塔河采油一厂着力对 JSA 进行推广使用，要求全部装置检维修、油建施工、直接作业环节现场覆盖使用 JSA 分析法，并通过督察大队进行检查确认、强制执行。2014 年以来，JSA 分析法在塔河工区取得了良好的效果。

（四）　JSA 分析法的成功因素

1. 单位领导的重视和支持

大量的 JSA 分析应用实践表明，单位领导的重视和支持对 JSA 在本企业是否真正取得实效和成功起着决定性作用。单位领导是 JSA 分析的倡导者、决策者、组织者和管理者，如果得不到单位领导的重视和支持，即使进行了

JSA 分析,也难于取得真正的实效。所以要想 JSA 分析法真正落实到实处,单位领导的重视和支持就显得尤为重要。

在实施 JSA 分析时,单位领导应当对如下影响 JSA 分析的重要因素有所了解:

① JSA 分析是一项耗费时间的工作,对于复杂的施工作业过程更加明显。单位领导要适当地给予人力和时间进行 JSA 分析。

② 要选择称职的 JSA 分析团队成员。最好的团队成员会带来最好的 JSA 分析结果。因为分析结果的质量取决于分析团队的能力和专业经验,也会直接影响到 JSA 分析法落实的成效。

③ 充分利用 JSA 分析的成果,开展更有针对性的安全培训,提高作业人员对从事作业的事故预防能力和应对能力,落实 JSA 分析中提出的有关人为因素可能导致的潜在危险的应对措施。

④ 开展 JSA 分析方法的技术培训和人才培训,建设本单位各级 JSA 分析团队,将 JSA 分析活动常态化。

2014 年是中国石化从严管理年,西北油田分公司、塔河采油一厂领导更加注重在施工现场、重点操作过程中 JSA 的推广,通过宣讲会部署、分级督促、督查强制手段狠抓落实,使得 JSA 分析法在塔河油田遍地开花。

2.JSA 团队整体的安全辨识能力和经验

JSA 分析团队成员的组成和团队成员的素质、能力与经验对于 JSA 分析结果的质量有很大的影响。一个合格的 JSA 分析团队应包括所需的各个专业的人员,且每个成员在各自的专业领域都有较丰富的经验。

JSA 分析团队成员的素质、能力和经验主要体现在:运用创新想象力方法识别潜在事故危险的能力;利用 JSA 分析法准确识别每个操作步骤中可能的、符合实际的危害因素、风险后果,并提出相关安全措施的能力;在评估识别出的危险和提出建议措施时坚持实用、适度和切实可行的能力等方面。

(五) JSA 分析法的应用前景

1.JSA 在装置检维修、油建施工作业中的应用前景

油田企业存在大量的装置检维修、油建施工作业,而这类作业普遍存在的特点就是作业风险大、作业内容复杂、人员配合较多,传统经验式安全管理存在很大安全弊端。JSA分析方法在装置检维修、油建施工作业中的推行可以更好地做到安全识别防范、减少安全隐患,进而减少事故的发生。

针对装置检维修、油建施工作业,要在作业前成立JSA分析小组,从作业主管到操作员工,组织多个有作业经验的人员在一起对所从事的施工作业进行讨论,根据不同施工类别和工序分成多个JSA分析节点,针对每一个JSA分析节点分步骤进行危害识别,对存在的风险进行评估,制定控制危害的措施。施工作业中安全监护人员与现场操作人员严格按照JSA分析结果要求进行确认后,方可进行每一步工序施工,通过JSA分析方法的落实系统地提升装置检维修、油建施工作业安全。

2.JSA在关键工艺、设备操作中的应用前景

在油田日常装置生产中,关键工艺、设备的操作也存在着安全风险,JSA方法也可以使用于这类操作中。由于关键工艺、设备操作的稳定性,关键工艺、设备的分管基层部门可以组织基层技术、操作骨干成立JSA分析小组,对每一个关键工艺、设备操作分步骤进行危害识别,对存在的风险进行评估,制定控制危害的措施,成立关键工艺、设备操作卡,在具体的岗位操作中达到指导和告知的作用,督促岗位人员严格按照JSA操作卡进行逐步分析确认后进行操作,减少关键工艺、设备操作中的安全风险。

3.JSA在日常岗位操作、安全培训中的应用前景

JSA分析法的推广使用并不仅仅局限于风险较大、作业内容复杂、人员配合较多的工作,不局限于书面形式,它也能应用于风险较小、作业内容简单的日常岗位操作。日常岗位操作虽然发生危险概率小,但也曾发生过安全事故,存在一定的安全风险,此时口头JSA分析就显得十分重要。班组长的安全告知、岗位人员的相互提示、班组岗位练兵等都可以作为口头JSA分析法的实施手段。

JSA分析方法也可以应用到安全培训中,通过集体讨论的形式,多个有作业经验的人员在一起对所从事的工作进行讨论,分解作业步骤,识别潜在危害,评估风险,制定相应的控制措施,通过集体讨论让新员工更直观、形象地了解岗位操作的风险,提高员工的风险识别能力。

JSA 分析方法还可以通过事故回头看的方式进行推广使用,通过有经验员工事件回顾、集体讨论回忆和分析评估等方法对已发生事故进行 JSA 分析,分析事故发生的原因和今后应采取的预防措施和方法,避免类似事故的再次发生。

通过 JSA 分析方法的推广使用,使其覆盖到油田生产作业现场每一项施工作业、每一个工艺设备操作。通过危害识别、风险评估、防范措施制定等手段,提高设备检修等施工作业的一次成功率,而且对作业过程安全分析全面彻底,大大提高了工作效率,节省了成本开支,系统地提升了油田作业现场安全管理水平,减少作业现场安全风险,最大程度地避免安全事故的发生。

(六) JSA 分析法的局限性

JSA 是由一个或者一组人对工作进行分析,分析的结果好坏很大程度上取决于评估者对工作和安全的认识,以及自身的知识和经验,因此 JSA 的分析结果往往因为分析组人员安全素质的不同而存在较大差异;作为对作业危险分析、判别的应用方法,JSA 也只能进行定性分析,不能定量评估危害发生的可能性和严重性。所以,JSA 分析方法的推广和使用应该要求油田企业加强对员工安全素质的培养,使分析团队和操作个体有扎实的安全素质,这样才能更好更有效地进行 JSA 分析方法的应用和推广。JSA 分析方法的使用也可以结合安全矩阵等手段进行实施,以便 JSA 分析方法对危害识别进行量化。

六、开展"四十"查找、"双十"选树活动,
提高职工解决问题的积极性

(一) "四十"查找及"双十"选树概念

"四十"查找是企业做好风险管理的一项重要工具,旨在通过制定查找隐患的"规定动作"来提高全员参与安全管理工作的积极性;"双十"选树活动是对"四十"查找活动的升华和总结,旨在评选出在"四十"查找活动中的先进个人、推广典型安全管理经验,促进活动循序渐进、良性发展。

① "四十"查找活动包括查找身边"十大"薄弱环节活动,查找岗位"十大"违章行为活动,查找执岗"十大"未遂事件活动以及查找岗位"十大"隐患活动。

② "双十"选树典型活动包括"十大"安全标兵选树活动,"十个方面"安全管理典型经验选树活动。

(二) 活动开展的背景及目的

1.活动开展的背景

石油化工行业是一个高危行业,具有易燃易爆、高温高压、有毒有害、连续作业、链长面广、能量集中等特点。随着世界经济不断增长和对原油需求量的不断增大,油田勘探开发区域不断扩大,炼油装置、化工装置、油品储运正在向大型化发展。我国石油石化行业中,虽然三大石油化工公司采取了相应的安全管理措施和办法使其事故呈下降趋势,但是仍然发生了一些重大、甚至特大火灾、爆炸事故,造成群死群伤和重大财产损失。

2010 年 7 月 16 日,位于辽宁省大连市保税区的大连中石油国际储运有限公司原油库输油管道发生爆炸,引发大火并造成大量原油泄漏,导致部分原油、管道和设备烧损,另有部分泄漏原油流入附近海域造成污染,事故造成的直接财产损失为 22330.19 万元。国务院事故调查组认定该事故是一起特别重大责任事故。

"7·16"事故暴露出诸多问题:①事故单位对所加入原油脱硫剂的安全可靠性没有进行科学论证。②原油脱硫剂的加入方法没有正规设计,没有对加注作业进行风险辨识,没有制定安全作业规程。③原油接卸过程中安全管理存在漏洞。指挥协调不力,管理混乱,信息不畅,有关部门接到暂停卸油作业的信息后,没有及时通知停止加剂作业,事故单位对承包商现场作业疏于管理,现场监护不力。④事故造成电力系统损坏,应急和消防设施失效,罐区阀门无法关闭。

2011 年,塔河采油一厂为持续推进安全管理水平,深刻吸取"7·16"特别重大责任事故教训,不断查找身边各类隐患,选树安全管理先进个人及典型经验,决定在全厂范围内开展"四十"查找及"双十"典型选树活动。

2．活动开展的目的

① 通过开展查找身边"十大薄弱环节"、"十大违章行为"、"十大未遂事件"和"十大隐患"，将事故苗头消除在萌芽阶段，将存在的事故隐患进行落实整改并制定防护措施，确保安全生产工作有序推进。

② 评选各项生产活动中的十大安全标兵，分享个人安全先进经验和做法，在全厂范围内形成学先进、赶先进、超先进的良好氛围，全面提升 HSE 管理水平。

③ 选树在"安全教育、现场作业管理、风险识别管理、应急管理、HSE 制度执行、未遂事件管理、隐患查找治理、承包商管理、清洁生产现场管理、安全文化建设"等专项工作中的十个安全管理典型，总结和提炼专项管理工作中的先进经验和做法，提升各项专业管理工作水平。

（三） 活动开展的必要性分析

近年来，塔河采油一厂的油田开发工作已经进入到新的历史阶段，随着大规模产能建设的结束，油田开发从快速上产阶段向中期稳产阶段进行转变，从天然能量采油向注水采油进行转变，采油方式从自喷采油向机械采油进行转变。

在油公司管理模式下，塔河采油一厂现场操作人员90%以上为油田专业化服务队伍员工。随着油田开发年限不断增长，生产现场设备、设施开始出现不同程度的腐蚀、老化。面对人员结构复杂、设备、设施老化及点多线长分散的生产现状，塔河采油一厂亟需建立健全"排查常态化、治理规范化、投入制度化、防治系统化"为重点的隐患排查治理长效机制。

① 著名安全工程师海因里希（Herbert William Heinrich）于1940年提出 1：29：300 法则，即海因里希法则：在一件重大的事故背后必有29件轻度的事故，还有300件潜在的隐患。由此可见，消除和避免事故发生要从消除潜在事故隐患着手。"四十"查找作为立足岗位、全员参与查处隐患的重要工具，在油田企业安全管理过程中扮演着举足轻重的作用。

② 风险管理作为企业开展好安全管理工作的核心任务，为维持良好安全生产环境、提高企业执行能力、树立良好社会形象提供了有力支撑。"四十"

查找活动作为企业风险管理工作开展的重要工具,促使隐患管理从被动整改到主动出击、积极发现整改隐患的理念转变,这是现代企业管理的基本要求。

③ "四十"查找及"双十"选树活动是对企业安全文化建设的补充。安全文化建设是企业实现安全管理的灵魂,是对传统安全管理的一种升华,"四十"查找及"双十"选树活动的实施是塔河采油一厂安全文化建设过程中不可或缺的一部分。通过活动的开展,在系统发现、消除隐患的同时逐步提升全员安全意识,这是企业安全文化建设能够顺利推进的前提。

④ 风险管理是一个系统工程,需要企业内的一个有机组织来实施并执行各自的职责,才能实现最终目标。"四十"查找及"双十"选树活动作为塔河采油一厂风险管理重要的一环,为生产现场隐患排查、整改工作提供了领导承诺、制度保证。活动的实施推进一方面是对现场隐患的查处过程,同时是对各级领导干部安全管理水平提升的过程,是对"风险可以控制、事故可以避免","管生产必须管安全"等安全管理理念的最好诠释。

(四) 活动开展坚持的基本原则

1. 加强组织领导、落实责任

风险管理是一项系统工程,需要一整套完整的制度作为支撑,包括活动领导组织机构、责任制、奖惩制度等。塔河采油一厂在开展"四十"查找及"双十"选树活动的过程中,除保证上述制度的支持外,结合自身实际制定了切实可行的活动实施方案及活动推进大表,将责任层层分解、落实全员职责,做到了活动有内容、有内涵、有深度、有意义。

2. 营造氛围、注重全员参与

风险管理的基础是调动全体干部职工的积极性,全员参与、群策群力。在开展"四十"查找及"双十"选树活动过程中,塔河采油一厂充分发挥安全会议、厂报、有线电视、漫画征集展示等多种途径的作用及党政工团的先锋"火车头"作用,助推活动顺利开展。此外,将基层单位活动开展情况纳入月度安全考核,保持全员参与"四十"查找活动的积极性。

3. 深入查找、全面整改

风险管理的最终目标是不留死角发现隐患、消除隐患,使风险可控、受控。为使"四十"查找活动覆盖全员，塔河采油一厂除在各基层队站开展"四十"查找活动外，先后实施领导干部深入现场、三重一险（重点井、重点施工、重点工序、高风险作业）领导带班检查、领导干部联系承包点等专项工作，通过建立隐患管理台账，督促现场隐患第一时间得到整改。

4. 提炼经验、巩固提高

"四十"查找及"双十"选树活动开展以来，塔河采油一厂通过定期召开专项总结会议，对前期活动开展情况进行阶段性小结，对在活动开展过程中发现的突出问题、共性问题进行讨论整改，对无法整改的问题建立隐患管理台账，并逐级上报。

提炼出活动开展过程中涌现出的典型经验、做法，在全厂范围内推广这些管理典型经验，表彰在隐患排查整改过程中表现突出的先进个人。同时，根据前期活动开展情况，及时调整下步隐患排查整改方向，通过适当奖惩保持员工持续参与安全管理工作的积极性，做到"月月有重点"、"月月有提高"逐步减少现场隐患，杜绝"低、老、坏"问题滋生。

（五）"四十"查找及"双十"选树活动在塔河采油一厂的应用

2011年，塔河采油一厂为持续推进安全管理水平，不断查找身边各类隐患，选树安全管理先进个人及典型经验，决定在全厂范围内开展"四十"查找及"双十"典型选树活动。

活动开展以来，全厂干部职工以风险识别为基础，以采油气工程、井控、直接作业环节、防火防爆、防硫化氢、消气防、设备设施、交通安全、安全制度落实、应急管理、安全培训、员工持证上岗等工作为抓手，重点对岗位风险、作业环节风险、设备设施风险、特殊气候和时段、安全管理、"三违"现象、未遂事件及处置等7个环节，在机关部门、分队站、班组、岗位开展查找身边"十大薄弱环节"、"十大违章行为"、"十大未遂事件"和"十大隐患"活动，对发现的问题提出具体的改进措施和建议。

分队站每月对各岗位排查出的隐患、薄弱环节、违章行为等进行讨论，对能自行解决的问题按照四定措施（定整改责任人、定整改措施、定整改期限、定资金）的方式进行整改，不能整改的问题逐级进行审批上报，联系上

级部门协助整改。

按照分队站上报的"四十"查找活动开展情况及隐患落实率,对在"四十"查找、"双十"选树主题活动中表现突出、安全生产意识较强、岗位操作行为规范、安全责任制落实到位,特别是对积极排除事故隐患有功的一线职工和管理人员进行表彰。

同时,将在管理理念、方法、模式、机制和制度等方面突出体现专业特点,在 HSE 管理手段上有创新做法,具有较高的推广应用价值的先进集体的安全管理典型在全厂范围内推广学习。安全管理典型主要包括:①管理理念先进,引领和推进安全管理;②管理方法科学,改善和优化安全管理;③管理制度完善,规范和提升安全管理;④管理机制顺畅,推动安全工作高效运行;⑤管理措施有效,保障和促进安全生产;⑥管理模式优良,具有较高的推广价值。

(六) 活动取得的效果

自 2011 年"四十"查找及"双十"选树活动开展以来,塔河采油一厂各级领导统筹规划、细致部署、务求实效,充分调动了广大干部职工参与安全生产工作的积极性,提高了全体干部职工发现隐患、解决隐患的能力。"四十"查找及"双十"选树活动的有序、高效开展,在彻查和消除现场隐患的同时,发现并成功处置了多起井控突发事件,为采油厂增储上产、各项生产经营活动顺利开展奠定了坚实的基础。

截止到 2014 年 6 月 30 日,各分队、站上报"十大薄弱环节"、"十大隐患"共计 4000 余项,上报"十大违章行为"420 余件、"十大未遂事件"200余件;选树季度安全生产标兵 70 人,推荐安全典型管理经验及做法 70 项,取得了良好效果。

1. 根除"低、老、坏"问题,三标工作有序开展

"四十"查找及"双十"选树活动是针对现场隐患管理的一种科学化、规范化、制度化的管理模式,为现场岗位人员更好开展隐患管理工作、有的放矢地完成隐患排查治理任务指明了方向。同时,"四十"查找及"双十"选树活动是一项长期性专项治理工作,活动的顺利开展要求各级领导干部必须充分重视、落实自身职责、督促活动有序开展,将隐患管理工作提升至新的高度。

"四十"查找活动的开展是安全管理"零容忍"的充分体现,是应对现场隐患的一种有效、直观、便于操作和推广的隐患管理工具;"双十"选树活动对充分调动全员积极性,持续推进"四十"活动、确保活动取得实效奠定了基础。"四十"查找及"双十"选树活动的有序开展,减少了塔河采油一厂生产现场"低、老、坏"问题,为三标建设奠定了坚实基础。

2. 员工安全意识及技能显著提高,避免多起井控事故

"四十"查找及"双十"选树活动的有效开展,不仅使现场隐患无处遁形,员工安全意识及岗位操作技能也有了显著提高,应急处置能力明显增强;塔河采油一厂隐患管理模式由被动整改向主动发现、提前预防转变。

活动开展以来,塔河采油一厂主动排查隐患,对所有发现隐患按照"四定"原则第一时间落实整改;通过定期开展理论知识学习、定期组织人员参加专项理论考试,增强全员安全意识;通过在分队站间定期组织开展技能比武,在分队内、岗位间组织岗位练兵活动,提升岗位操作技能水平及应急处置能力。活动开展 3 年以来,全厂干部职工安全意识及隐患处置管理水平得到了显著提高,发现并成功处置多起井控突发事件。

(1) 案例一:TK536 井异常起压应急处置

2014 年 1 月 1 日中午 14:50,5-1 计转站值班人员许鹏巡检至撬装阀组时,发现 TK536 井进站压力由 0.43MPa 上升至 0.75MPa,站内系统压力由 0.43MPa 升至 0.75MPa,且压力持续上升(最高时 1.05MPa),缓冲罐液位0.3m 上升到 0.9m(最高时 1.1m),同时该井光杆拉弯。发现异常情况后,许鹏立即进行处理,并向班长和采油三队生产运行室汇报,采油三队按照应急预案,关手动防喷器,但因光杆弯曲,手动防喷器关闭不严,有刺漏。

采油厂总工程师李新勇,生产运行科副科长何小龙、油研所副所长杨宗杰,采油三队队长何世伟、副队长杨晓明等于 15:58 到达现场,下放抽油机驴头使光杆放松,紧手动防喷,暂时控制井口,但因进站压力持续升高,同时光杆弯曲,手动防喷器不能保证正常。根据现场情况,应急指挥小组立即制定压井方案,采油三队毛谦明、刘辉军、李洪刚、赵映彪对现场进行连接压井管线,采取反循环压井作业。1 月 2 日 7:40 反循环压井结束,井口油、套压落零,险情得到控制,防止了事态进一步扩大。

(2) 案例二：TK518井异常起压应急处置

2014年4月14日,采油三队TK518井转抽作业后以5×3×44×1822.8工作制度启抽。4月18日22：25,5-1计转站值班人员范军卫突然发现站内系统压力由日常0.46MPa上升至0.98MPa,迅速上报班长苏安鹏。

22：40苏安鹏、赵映彪排查至TK518井口,发现光杆拉弯,10MPa的油压表打翻,更换压力表后油压27MPa、套压25MPa,范军卫立即上报队部。

23：00队领导刘峰、卢卫平、李卫伟、生产运行室毛谦明、安全室刘民和、李斌赶到现场对油管进行4.5mm油嘴进站泄压处置后,井口仍然保持油压27MPa、套压25MPa,随即汇报采油厂启动厂级应急预案。

4月19日00：00采油厂总工程师李新勇、生产运行科副科长何小龙、油研所副所长乔泉熙、井下项目部副主任李晶辉赶到现场制定方案,采油三队曹彦东、苏安鹏、李闯、赵映彪、谭超、颜映凤、王彦祥对现场进行连接压井管线,记录压井数据。在有效组织压井处理后于4月19日11：00油套压均回落至0,15：10 TK518井异常起压抢险圆满结束,有效遏制了井口意外险情的发生,确保了油井安全生产,为采油厂后期井控管理工作积累了宝贵经验。

(3) 案例三：T415CH井两次起压后应急处置

2014年2月20日,T415CH井注气前进行更换清蜡阀门、160法兰密闭试压作业,发现ϕ244.48mm套管头BT密封试不住压;26日开始套管注气验证密封情况,27日采油二队现场岗位人员发现表套起压至2MPa,立即停止套管注气,随后发现表套压力升至17MPa,岗位人员立即按照厂应急处置流程进行上报。采油厂得知情况后,厂井控应急办公室第一时间成立应急指挥小组赶赴现场与采油二队相关人员共同进行了及时的应急处置。

2014年4月5日,T415CH井修套完毕,开始进行第三轮注气,为了验证套管修补效果,首先采取套管试注气。4月6日,油压21MPa,套压24MPa,表套压力先起压到2MPa,停止注气后迅速上升到25MPa。采油二队现场值班人员及时发现紧急情况并上报,采油厂井控应急办公室和采油二队领导及相关人员快速反应,在现场讨论确定了现场抢险、泄压方案,及时排除了井口险情的发生。

3. 增强隐患管理意识、全员安全素养得到提升

"四十"查找及"双十"选树活动是采油厂加强隐患管理的一项重要工作,活动开展过程中采油厂制定了详细的实施方案,成立活动开展领导小组,将各级职责层层落实,同时建立奖惩机制、将活动开展情况与分队站月度绩效考核相结合,是采油厂实施理念引导、制度保证、安全预防"三位一体"安全工作机制的真实写照。"四十"查找、"双十"选树活动的顺利有序开展增强了全体干部职工隐患管理意识,保持了全员参与安全管理工作的积极性,为采油厂多年零事故、零伤害、零污染"三零"目标的实现起到了有力的支撑作用。

(1) 管理层安全管理意识转变

"四十"查找、"双十"选树活动的实施是采油厂践行"管生产必须管安全"安全管理理念,坚持"风险可以控制、事故可以避免"预防理念的必然产物。活动规范化、科学化、制度化的开展与推进使管理层各级领导干部对安全管理工作,尤其是隐患管理工作有了更全面、更准确的认识。同时,各级领导干部在活动开展过程中以身作则,将"四十"查找及"双十"选树活动作为安全管理工作的一项重要内容,逐步增强了自身安全管理水平,管理人员安全素养得到了显著提高。

(2) 操作层执行能力得到提升

"四十"查找活动的实施为全厂各分队、站岗位员工更好履行岗位职责,全面细致开展隐患排查、整改工作提供了方向指引。现场隐患管理工作从过去的盲目排查转变为按照四个方面进行系统排查,从分队站之间、岗位之间隐患排查标准不统一转变为全厂隐患管理规范化、科学化、统一化。"双十"选树活动的实施在岗位员工之间掀起了"比学赶帮超"的良性竞争氛围,同时也是对"四十"查找活动的阶段性总结和深化。"四十"查找和"双十"选树活动不仅促使基层员工更好履行自身职责,也为全员参与到隐患排查整改工作提供了动力,全体员工的执行能力得到了进一步提升。

4. 助推采油厂安全管理水平再上新台阶

塔河采油一厂"四十"查找及"双十"选树活动的有序推进及成功应用不仅提升了全体干部职工的安全意识,改善了生产现场管理水平,也为采油厂不

断探索新的安全管理模式、推行新的安全管理工具及方法奠定了基础,将采油厂安全管理工作推向新的高度。如里程碑管理、HSE 正激励管理等在塔河采油一厂的成功实施及应用,都是采油厂对安全管理模式不断探索的成果。

在今后的工作中,塔河采油一厂将继续以"四十"查找及"双十"选树活动为抓手,重点对现场隐患、薄弱环节、违章等进行彻查。同时,将"四十"查找及"双十"选树活动同其他安全管理手段有机结合,促进塔河采油一厂安全管理水平再上新台阶。

七、全面推行正激励建设,
提高岗位职工参与安全管理的积极性

(一) HSE 正激励活动开展背景

正激励特指对激励对象的肯定、承认、赞扬、奖赏、信任等具有正面意义的激励艺术。在激励策略中,它与负激励相对应。负激励特指对激励对象的否定、约束、冷落、批评、惩罚等具有负面意义的激励艺术。单纯的正激励或单纯的负激励效果不佳,把握正激励和负激励的结合点关键是要分清楚员工的行为是正确的还是错误的。正确的行为用正激励去强化,错误的行为只能用负激励去避免。

以往的安全管理更多的是依靠负激励,对各类检查发现的问题以处罚、批评、通报等形式进行处理。虽然在一定程度上起到了督促、警示作用,但长此以往,现场岗位职工往往产生抵触情绪,出现见检查就躲,形成"事不关己、高高挂起"的思想。对隐患及问题整改积极性不足,不能保证整改质量,最终造成安全管理阻力越来越大,渐渐失去了群众基础。

认识到负激励造成的职工积极性不强、现场管理阻力逐渐增大的现状后,塔河采油一厂在经过充分论证后,于 2013 年全面开展了正激励活动。

(二) 正激励活动开展情况
1. 正激励实施方案
经过近三个月的论证、讨论,采油厂于 2013 年 3 月下发《塔河采油一厂

HSE 激励实施方案》，成立了以厂长、书记任组长的 HSE 激励领导小组，将管理办公室设在质量安全环保科，明确了活动目的、激励方式及处理程序等。

（1）实施目的

采油厂 HSE 激励是对采油厂各单位、部门及员工在 HSE 工作中取得的成绩、做出的贡献予以的激励，目的是全员参与，鼓励员工自觉履行安全职责，消减作业现场风险，杜绝各类事故发生。

（2）激励方式

① 对单位 HSE 激励采取里程碑管理激励方式。里程碑管理激励是指采油厂按季度对各下属单位实现阶段性 HSE 管理目标给予的奖励。

② 对员工采取 HSE 积分激励与突出贡献激励两种方式。HSE 积分激励是指员工积极发现、解决问题等获得 HSE 积分予以的奖励；突出贡献激励是指员工及时发现并消除重大事故隐患等做出突出贡献的激励。

（3）基层队站里程碑管理

里程碑管理是指杜绝各类低、老、坏问题的阶段目标，即达到《安全里程碑管理实施计划表》管理目标的完成情况。里程碑管理分为月度考核和季度总结，季度总结主体对象为各基层单位，月度考核主体对象为员工个人，两者同时执行，共同激励，以提高管理效果。里程碑管理月度考核周期为一个月，领导小组每季度最后一个月 25 日发布下一个季度的《里程碑管理实施计划表》。

① 里程碑管理处理程序。里程碑管理考核满分为 100 分，采取减分制。一周期内考核合格得满分，凡发现里程碑目标未达标及出现虚报、谎报 HSE 激励信息的，发现一次扣除当月考核分 1 分，凡接到隐患整改通知单或督查令的按照以下方式处理：

a. 凡接到采油厂下发厂级隐患整改通知单的，扣除当月里程碑考核分 2 分；

b. 凡接到厂级督查令或上级部门隐患通知单的，扣除当月里程碑考核分 5 分；

c. 凡因工作失误造成责任事故或接到上级部门督查令的，当月里程碑考核分清零。

② 里程碑管理考核要求：

a. 相同内容现场检查应保证各单位站点次、频次、比例一致。

b. 查出问题由检查人员现场出具相应单据，由双方签字确认后生效。

③ 里程碑管理激励兑现：

a. 每月完成里程碑管理目标并积满分的单位，按照《塔河采油一厂HSE里程碑管理奖励办法》对每位员工进行 200 元 / 人绩效激励。

b. 每季度由领导小组核查得分情况，按照各单位得分进行排名。排名前三名的单位，分别给予 1000 分 (1000 元现金)、800 分、500 分 HSE 激励积分，用于兑换激励奖品。

c. 里程碑管理全年得分低于 1000 分或年度收到采油厂下发厂级督查令2 份及以上的，取消年终各类先进单位参评资格。

d. 各单位依据里程碑管理排名作为年度评先依据，排名高者优先推荐采油厂安全生产先进单位评选，并推荐参与分公司级安全生产先进单位评选。

e. 各单位全年在安全环保、生产运行、装置设备、采油气及井下作业井控、交通运输、基地安全各领域完成里程碑目标或达到零事故目标，对本单位各领域负责领导个人予以 2000 积分激励，职能科室领导予以 3000 积分激励，主管厂领导予以 5000 积分激励。

(4) 员工正激励管理

HSE 管理的核心在基层，基层管理的核心在班组岗位员工。为提高基层岗位员工参与 HSE 管理的积极性，由被动接受管理向主动参与管理转变，采油厂在基层员工中开展 HSE 积分激励、"安全卫士"评选、突出贡献激励，同时在采油厂门户网站设立 "HSE 激励平台" 板块，员工积分可在平台下的 "安全超市" 按一分抵扣一元钱的原则兑换礼品。

① 员工 HSE 积分激励：

a. 员工有下列情况之一的，采油厂予以员工 HSE 积分激励：及时发现或解决生产、生活、交通运输管理过程存在的隐患；及时发现、制止偷盗、破坏油田设备、设施；及时制止、纠正或举报 "三违" 现象；及时发现和制止偷排、乱排各类废弃物造成环境污染；及时报告未遂事件；技术革新、小改小革等解决 HSE 管理中薄弱环节；在技术、管理革新中解决 HSE 管理中薄弱环节，获得分公司奖励或相关专利；发现并解决专业化服务队伍管理中的薄弱环节，及时发现并杜绝各类生产事故隐患。

员工对发现的各类危害（隐患）、未遂事件可上报至本单位、部门，经审核后报领导小组办公室，也可直接上报至领导小组办公室。按照《关于成立塔河采油一厂HSE检查组的通知》要求，各专项检查组在检查中发现问题并落实整改的，由领导小组办公室确认后按照重大、较大、一般性问题分别积50、30、20分。

图 2-19 HSE 激励平台

b.HSE 积分激励兑现：

对各类危害（隐患）、"三违"事件经核实无误后，依据《采油厂员工积分激励计分标准》对相关人员进行积分激励。为体现内部、外部问题及深层次和一般性问题的区别，塔河采油一厂HSE积分按照以下原则执行：采油队内部的深层次问题，如管理上的薄弱环节、队伍建设方面的合理化建议、"三违"事件、增产增效的安全管理创新提议等按100%比例积分；对采油队外部的或者一般性问题，如对施工单位现场发现的相关问题、专业化服务队伍中出现的问题以及诸如跑、冒、滴漏等问题按照60%、50%、40%比例积分

(厂督察队、修井监督等专职人员上报问题积分减半)。

c.HSE 积分激励管理要求：对基层岗位员工上报问题暂无法完成整改的项目，应制定防范措施，经相关单位、部门协调后，在采油厂全厂范围内予以通告并说明原因。

激励积分当年有效，12 月 31 日前完成积分兑换、清零。

② "安全卫士"评选：

采油厂每季度组织一次"安全卫士"评选活动，各单位、部门推荐一人参选，参选人员应为各单位、部门 HSE 积分最高者，参选人员由领导小组办公室汇总后，报 HSE 激励领导小组审批，审批结果在采油厂网站上进行公布。

获得采油厂"安全卫士"称号的员工推荐参加西北石油局、西北石油分公司"安全卫士"评选活动，连续三季度获得采油厂"安全卫士"称号的员工优先推荐年终各类先进评选。

③ 员工突出贡献激励：

员工有下列情况之一的，采油厂予以员工 HSE 突出贡献激励：及时发现并正确处理生产过程的重大安全风险隐患(火灾、爆炸、井喷、硫化氢中毒、重大油气污染、恐怖袭击等)，避免事故发生；及时发现并正确处理生产过程中发生的初期事故(初期火灾、油气泄漏、硫化氢逸散等)，避免事故扩大；及时发现并制止偷排危险废液、固体废弃物等，避免采油厂声誉受损；在事故抢险中有突出贡献。

各单位、部门对符合突出贡献激励条件的员工上报汇报材料及相关事迹书面材料至领导小组办公室。领导小组办公室人员会同相关单位、部门对各单位、部门上报的员工 HSE 突出贡献事迹材料进行核实，符合条件的提交采油厂安委会审批，讨论相关激励事宜并予以办理。

④ 安全超市：

安全超市设置在采油厂门户网站"HSE 激励平台"板块，网址：http://10.16.160.12：180/。

每季度末员工可按照自己的积分选择相应物品，到领导小组办公室进行兑换。质量安全环保科负责奖品采购、储存、兑换，并负责奖品信息的更新和发布。奖品采购、储存、兑换过程采取公开透明的方式，接受厂属任何单位、部门及个人的监督。

图 2-20 安全超市

2. 基层队、站里程碑管理开展情况

采油厂结合各队站管理实际情况,制定实施计划,设置月度里程碑目标,做到"月月有重点、季季有总结"。采油厂HSE督查队在督查时按照公平、公正、公开的原则对各队站抽查频次及点次保持一致。

HSE督查队每日对采油气站场、采油作业现场、承包商修井作业及直接作业环节中各类标准、规范及制度的执行和落实情况、现场存在的安全隐患进行督察,形成《安全督察日报》并在局域网公布,各部门、单位及时了解存在问题,督促落实整改并做到举一反三。

每月由质量安全环保科对督查情况进行汇总,涉及里程碑管理目标(见表 2-16)的问题按《塔河采油一厂HSE激励实施方案》进行扣分,最终形成《月度HSE里程目标考核表》,由主管厂领导审核并反馈至人力资源科,直接在员工月度绩效工资中进行兑现。广大职工均积极配合参与,确保了生产现场的安全、高效、平稳运行。

表2-16 塔河采油一厂里程碑管理实施计划汇总表（示例）

月份	里程碑内容	里程碑目标	责任单位/部门	责任人	监督部门
四月	井控安全管理	①采油气井控：自喷井每月倒换两翼生产闸门一次，检查原生产翼油嘴情况，发现异常及时处理；②定期组织井控类应急演练，演练执行率100%，记录齐全	各队站	各队站第一责任人	质量安全环保科
	消气防安全管理	①按要求定期开展每月两日安全活动，消气防应急演练，做好活动记录；②现场消气防设施完好，做到灵活好用；③联合站、天然气处理站、西达里亚输气及泡沫泵每天盘泵或点泵一次，每周试运行一次不少于15min，消防泵房必须悬挂消防管网流程图	各队站	各队站第一责任人	质量安全环保科
五月	采油气现场管理	①井口装置及其他设备做到不漏油、不漏气、不漏电、井场无污、无杂草，无其他易燃易爆物品，保持管线、阀门、容器不渗油；②压力容器附件月度检查到位率100%(压力表、安全阀、液位计、温度计、液压安全阀、阻火器、呼吸阀），记录填写到位率100%；③新员工三级安全培训率100%，培训记录齐全	各队站	各队站第一责任人	质量安全环保科
	交通运输	①基层队、站驾驶员每月2次安全教育率100%；②基层队、站车辆每月2次安全检查率100%；③车辆灭火器配置率100%，合格率100%	各队站	各队站第一责任人	质量安全环保科
六月	直接作业环节	①含硫场所作业(便携式硫化氢检测仪、空气呼吸器配率100%，作业人员空气呼吸器(45s内)正确佩戴率100%；②防火防爆区域内作业，各类车辆、发电机防火罩佩戴率合格率100%	各队站	各队站第一责任人	质量安全环保科
	井控安全管理	①采油气井控：自喷井每月倒换两翼生产翼，检查原生产翼油嘴情况，发现异常及时处理；②定期组织井控类应急演练，演练执行率100%，记录齐全	各队站	各队站第一责任人	质量安全环保科

续表

月份	里程碑内容	里程碑目标	责任单位/部门	责任人	监督部门
七月	作业现场	①生产现场各类压力容器、设备、储罐完好，无附件缺失、坏带病运行；②各类设备的转动部位要有完好的防护部件，接地完好，有各牌编号、运行备用卡，设备固定良好，油气管线间药加药间孔法兰跨接线完好	各队站	各队站第一责任人	质量安全环保科
	作业现场	井场及作业现场（站区）做到"三清""四无""五不漏"	采油队	各队第一责任人	质量安全环保科
八月	采油气现场管理	定期对消防设施、设备进行检查、保养，并有记录。各类安全防护设备设施（便携式气体检测仪、正压式空气呼吸器、压力表、温度表及安全阀）维护保养到位，台账及时更新	各队站	各队站第一责任人	质量安全环保科
	交通管理	驾驶员及副驾驶系好安全带，人员超载及各货混装检查，车辆完好，各附件完好	采油队	各队第一责任人	质量安全环保科
九月	直接作业环节	施工现场设备、工具摆放整齐，监护到位，施工作业严格按规范要求进行，文明施工，无违章作业	各队站	各队站第一责任人	质量安全环保科
	采油气现场	岗位人员熟知应知应会内容，涉及岗位的各项制度标准及操作规程，岗位人员熟知应急预案内容，岗位监控点数量及对应的应急处理措施	各队站	各队站第一责任人	质量安全环保科
十月	冬季安全生产	①根据往年工作经验，对容易产生冻堵现象的管线进行排查，杜绝管线冻堵现象发生；②杜绝巡检制度不落实现象（一小时一次，按规定巡检路线进行巡检）	各队站	各队站第一责任人	质量安全环保科
十一月	直接作业环节	直接作业环节作业前"七想七不干"风险识别率100%	各队站	各队站第一责任人	质量安全环保科

续表

月　份	里程碑内容	里程碑目标	责任单位／部门	责任人	监督部门
十二月	对全厂里程碑活动开展情况总计评比	各承包商单位、各队站、各部门对全年里程碑管理活动开展情况进行总结	各承包商单位、各队站生产科、设备科，并下项目部、安全科	各承包商单位第一责任人、各队站第一责任人、杨旭、罗得国、何世伟、王超	质量安全环保科
		对里程碑开展情况进行评比，表彰优秀承包商单位、队站、科室	各承包商单位、各队站生产科、设备科，并下项目部、安全科	各承包商单位第一责任人、各队站第一责任人、杨旭、罗得国、何世伟、王超	质量安全环保科
备　注	① 各队站、科室第一责任人为里程碑计划实施第一负责人，各主管领导与实施项负责人； ② 安全科在里程碑督察中，相同内容各队站抽查频次及点次必须一致，确保公平、公正； ③ 已经达标的管理项在达标后再次出现，对相关单位、部门进行问责； ④ 整体考虑，不局限于每月实施项，发现问题立即采取措施，日常管理中统筹管理，达到提高HSE管理水平的目的				

每季度末在厂HSE月度会对各队站里程碑管理目标完成情况进行通报，分析原因，提出改进措施。对完成好的单位进行表扬，对完成差的单位进行督促。同时，开展里程碑管理交流分享活动，组织到开展积极、效果突出的单位学习里程碑管理经验，达到共同提高、互帮互助的良好效果。

3.员工正激励开展情况

《塔河采油一厂HSE激励实施方案》自2013年3月份下发后，各单位积极传达、利用班前会、月度学习等手段，确保了传达到位，岗位职工反响强烈，积极参与到查改隐患中来。质量安全环保科与油研所沟通组织专业人员开发了正激励活动网络平台，于同年4月正式上线使用。

活动开始之初，通过对各单位上报的隐患项目进行分析发现，隐患多为各井口装置"跑、冒、滴、漏"、"门卫制度"等低级问题，单纯的追求上报隐患的数量，而缺乏质量。机关各部门参与积极性不高。针对上述问题，质量安全环保科与各队站安全管理人员积极沟通，针对日常管理和作业现场实际，共辨识出19大类79项风险类别，修订了积分激励计分参考意见（见表2-17）。并对实施方案及活动重要性进行了重新宣贯，充分调动了各单位、机关部门参与积极性。

表2-17 塔河采油一厂员工积分激励计分参考意见

项目类别	具体内容	积分				
		岗位治理完毕	班组治理完毕	分队站治理完毕	需采油厂解决	需分公司解决
井口装置	采油树主阀内漏	20	15	10	5	
	井口压力、温度异常	20	15	10	5	
	抽油机光杆碰驴头	20	15	10	5	
	采油/气树液控柜未正常投用	20	15	10	5	
	放喷管线固定不牢固	20	15	10	5	
集输干线	及时发现管线泄漏/刺漏（污染面积小于500m²）	30	25	20	15	
	收发球筒快开盲板处渗漏	20	15	10	5	
	阀井内阀门、法兰渗漏/刺漏	20	15	10	5	
	及时发现打孔盗油事件	50	40	30	20	

续表

项目类别	具体内容	积 分				
		岗位治理完毕	班组治理完毕	分队站治理完毕	需采油厂解决	需分公司解决
单井及站内普通管线	及时发现管线泄漏/刺漏（污染面积小于50m²）	30	25	20	15	
	阀井内阀门、法兰渗漏/刺漏	20	15	10	5	
压力容器	超温、超压运行	20	15	10	5	
	容器本体渗漏	20	15	10	5	
	安全阀内漏	20	15	10	5	
	安全阀到期未效验	20	15	10	5	
原油储罐	储罐本体渗漏	30	25	20	15	10
	储罐防雷接地损坏	20	15	10	5	
	浮顶罐中央排水孔堵塞	30	25	20	15	
	浮顶罐浮盘与罐体静电接地链断脱	30	25	20	15	
	事故罐自动烟薄雾灭火装置超期未效验	20	15	10	5	
工艺流程	管线、阀门、法兰渗漏	20	15	10	5	
	四孔法兰静电跨接损坏或者缺失	20	15	10	5	
	管道安全阀超期未效验	20	15	10	5	
自控系统	自控阀门故障无法使用	20	15	10	5	
	安全连锁失效或断开	30	25	20	15	10
动设备	转动部位防护罩缺失	20	15	10	5	
	设备超负荷运行	20	15	10	5	
消气防系统	消防管线刺漏	30	25	20	15	10
	消防稳高压装置未稳压	30	25	20	15	10
	消防通道堵塞	20	15	10	5	
	正压式空气呼吸器密封不严、漏气	20	15	10	5	
	各类消防器材挪作他用	20	15	10	5	
电气系统	防爆场所设备、设施不防爆	20	15	10	5	
	低压配电间未设置"禁止合闸"警示牌	20	15	10	5	

续表

项目类别	具体内容	积 分				
		岗位治理完毕	班组治理完毕	分队站治理完毕	需采油厂解决	需分公司解决
电气系统	配电柜超负荷运行	30	25	20	15	
	绝缘失效、损坏	30	25	20	15	
防雷防静电	跨接线不符合规范	20	15	10	5	
	接地线失效	20	15	10	5	
"三违"现象	违章操作	50	40	30	20	
	违章指挥	50	40	30	20	
	违反劳动纪律	50	40	30	20	
直接作业	用火、受限、破土、高空、临时用电等特种作业未办理相关票据、未对作业人员进行安全教育	20	15	10	5	
	容器、管道用火作业前未按要求安装盲板、吹扫、置换	20	15	10	5	
	氧气、乙炔瓶放置、距离不符合相关规定,乙炔瓶未安装回火器	20	15	10	5	
	进站车辆、发电机防火帽未关闭	20	15	10	5	
	用火作业作业人无用火资质	20	15	10	5	
	消气防器材配置不全或不合要求	20	15	10	5	
	用火作业现场未清理易燃物并进行有效隔离	20	15	10	5	
	用火作业前未进行可燃气体检测	20	15	10	5	
	进入受限空间作业未进行气体分析	20	15	10	5	
	密闭容器未进行有效隔离、置换(安装盲板、蒸煮、吹扫)	20	15	10	5	
	受限空间入口处未进行有效警示或未采取其他封闭措施	20	15	10	5	
	破土作业未进行放坡处理,地下情况不明时强行施工	20	15	10	5	
	高处作业未按要求佩戴安全带(高挂低用)	20	15	10	5	
	临时用电作业,开关处未悬挂警示牌	20	15	10	5	

项目类别	具体内容	积 分				
		岗位治理完毕	班组治理完毕	分队站治理完毕	需采油厂解决	需分公司解决
直接作业	电线穿路时未做防压措施，施工停止后未进行断电	20	15	10	5	
环境保护	发现偷排污水、天然气、污油及生活垃圾	30	25	20	15	
	发现并制止破坏植被行为	30	25	20	15	
职业为生防护	职业危害因素未告知或更新不及时	30	25	20	15	
	职业危害项目告知不齐全	30	25	20	15	
危险化学品管理	采购明令禁止淘汰的产品	30	25	20	15	
	运输不合规范要求	20	15	10	5	
	使用登记不属实或未登记	20	15	10	5	
成果荣誉	HSE 小改小革	50				
	HSE 合理化建议（被采纳）	100				
	改善安全生产现状项目	100				
	获得国家专利	100				
交通运输	未执行派车单制度	20	15	10	5	
	车辆未定期保养、维修	20	15	10	5	
	车辆检查发现问题未及时整改	20	15	10	5	
	车辆超载安全隐患	20	15	10	5	
生活办公	用电安全隐患	30	25	20	15	
	用气安全隐患	30	25	20	15	
	食品卫生差	30	25	20	15	
	食堂人员未按规定体检	30	25	20	15	
安全保卫	特殊时期未进行夜间检查	20	15	10	5	
	门卫制度执行不严	20	15	10	5	
	发现或制止偷盗油气田物资、设备	50	40	30	20	
	防爆器材配置不全	20	15	10	5	

注："岗位"指岗位上的个人，"班组"指同一班组中两人及两人以上，"分队"指不同班组成员的组合；积分由多个人获得时采取均分制积分。

根据每季度积分情况，结合个人在岗位工作表现，采油厂共评选出 18 名 "安全卫士"，他们有的是基层操作人员，有的是安全管理人员，有的是 HSE 监督员，都在日常工作中默默地做着贡献，潜移默化中已成为采油厂安全防护网的重要组成部分。

（三）取得的效果

1. 员工积极参与，查改隐患积极性高涨

自 2013 年 3 月份 HSE 正激励活动启动以来，通过岗位人员发现隐患并上报，分队站领导审核、采油厂 HSE 正激励领导审核并在个人网络平台中累计积分。截至到当年 12 月 31 日，HSE 正激励网络平台共上报各类安全隐患 718 项，均得到了整改落实。至年末，共有 228 人进行了积分兑换，安全超市奖品种类丰富，给员工极大地自由选择空间。在广大干部职工中掀起了查找隐患、整改隐患、消除隐患的浓郁氛围，有效地调动了广大干部职工的工作主动性和主人翁责任意识。

图 2-21 HSE 正激励促进会

2. 各单位严抓现场，里程碑目标落实到位

里程碑管理自实施以来，各基层单位积极落实，对以往容易忽视的细微环节和习惯性违章行为进行了强化管理。首先，对里程碑目标自上而下宣贯落实，充分调动全体员工积极性和参与里程碑管理的热情；其次，在实施过

程中实时跟踪工作进度和职工动态，做到有的放矢，重点突出；最后，按时落实里程碑奖励，保持了实施的持续性和员工的积极性，形成了自下而上抓落实的良好氛围。通过开展里程碑管理，杜绝了诸如乘车不系安全带等现象，结合 9S 管理和目视化管理，进一步提升了值岗的规范化、标准化，有效夯实了岗位操作和作业现场安全管理基础，将塔河采油一厂的安全管理水平推上了新的台阶。

图 2-22　实施 HSE 正激励措施后的施工现场

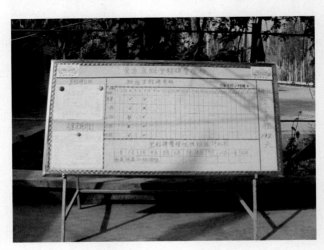

图 2-23　里程碑管理板

图 2-24 实施里程碑管理后施工现场

3. 明星带头作用凸显，人人争当"安全卫士"

采油厂评选出的 18 名"安全卫士"在日常工作中兢兢业业，任劳任怨。他们均表示荣誉的取得不仅是对过去成绩的肯定，也是对以后工作的鞭策。2013 年年底评选出厂级"安全卫士"两名，分别是采油二队的张培泉和采油一队的张欣良。张培泉是一位基层班长，在日常管理中，积极查隐患、改隐患，班长带头，班员参与积极性高涨。张欣良是一位 HSE 监督员，主要工作是对施工现场、生产现场中各类作业进行督促检查，他不仅自己学标准、用标准，还组织安全员进行规范、标准学习，有效地提升了全员安全意识水平，在现场做到"严、细、实、恒、狠"，对各类违章做到零容忍。明星带头在全厂范围内掀起了人人都是安全员，人人争当"安全卫士"的浓郁氛围。

4. 积极采纳合理化建议，班组建设步入快车道

班组是企业的组成细胞，是企业各项工作的落脚点，是实现和谐稳定、落实安全生产的源头。采油厂结合正激励活动开展情况，构建了"以岗位责任制为核心、以标准化作业为手段、以高效安全完成各项生产经营指标任务为目标"的班组管理机制。正激励活动中，对提出的合理化建议，HSE 激励领导小组高度重视，在 HSE 月度会上进行讨论，对好的建议积极采纳并在全厂推广，对建议提出人进行奖励。例如联合站结合新疆防恐防暴的特殊现状，结合自己管理实际，提出将防撞杆、钉刺、大门钥匙进行编号管理，同时针对

风沙大、容易堵塞锁孔的现状,将锁具保养上油后用塑料布包裹并定期检查保养,确保锁具在紧急情况下开关的及时性。此建议经采纳后在全厂范围内推广,有效地提升了应急处置的及时性和有效性,促使班组建设进入良性快车道。

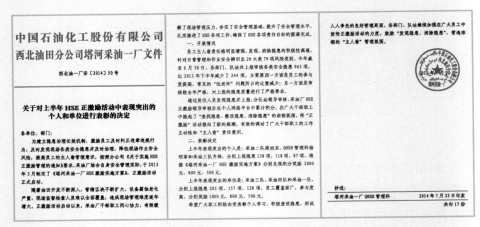

图 2-25 HSE 正激励表彰文件

(四) 正激励活动开展中注意的两个要点

1. 积极总结经验,调整正激励管理重点

通过 HSE 激励平台对 2013 年上报问题的分布进行统计分析后,将 2014 年的正激励侧重点转为隐患整改、合理化建议提出和班组管理提升等 3 个方面。降低发现隐患积分奖励比例,提高落实隐患整改措施积分奖励比例,同时增设合理化建议、班组管理提升积分奖励项。切实提升正激励活动对 HSE 管理的促进作用,构建"人人查隐患,处处改隐患;人人提建议,处处抓落实"的良好氛围。通过活动的不断开展,使采油厂的安全管理模式由"严格监管"向"自主管理"不断迈进。

2. 正负激励结合,相辅相成提高管理水平

正激励和负激励作为两种相辅相成的激励类型,它们是从不同的侧面对人的行为起强化作用。正激励是主动性的激励;负激励是被动性的激励,它是通过对人的错误动机和行为进行压抑和制止,促使其幡然悔悟,改弦更张。

一方面持续开展正激励活动，根据调整后的重点开展相应工作；另一方面加强督查工作力度，实行隐患问题整改"动态问责、升级问责、永久问责"工作机制，做到问责零容忍，督促问题整改，积极落实"属地管理、直线责任"。

正激励与负激励都是必要而有效的，因为这两种方式的激励效果不仅会直接作用于个人，而且会间接地影响周围的个体与群体。通过树立正面的榜样和反面的典型，扶正祛邪，形成一种良好的风范，就会产生无形的正面行为规范，能够使整个群体的行为导向更积极，更富有生气，最终使采油厂HSE管理尽善尽美。

第三章 塔河采油一厂安全管理成果

时光飞逝，形势逼人，塔河采油一厂面临的形势和任务仍然非常艰巨，要全面完成年度各项任务目标，困难和挑战并存。在中国石化集团公司以及西北油田分公司的正确领导下，在采油厂干部职工的共同努力下，采油厂不断总结管理经验，不断创新和提高 HSE 管理水平，通过在安全管理工作方面的逐步探索，对安全管理体系的逐步完善和对安全管理先进理念和安全工具的引进，采油厂的安全管理逐步上升到一个新的台阶，也涌现出了一批优秀的管理成果，其中部分成果已公开发表。

一、已发表的论文

塔河采油一厂近年在安全管理方面取得了较好的成果，附录 A ~ D 为公开发表的具有代表性的 4 篇文章，分别是《油公司模式下采油厂的安全管理探索》，发表于《环境、安全和健康》2014 年第 14 卷第 7 期，页码：52 ~ 54；《浅谈油田基层单位安全文化建设》，发表于《环境、安全和健康》2013 年第 13 卷增刊 1，页码：3 ~ 4；《油气井远程监控和数据采集系统建设的必要性探讨》，发表于《环境、安全和健康》2013 年第 13 卷增刊 1，页码：64 ~ 65；《模糊综合评价法在联合站安全评价中的作用》，发表于《环境、安全和健康》2014 年第 14 卷第 7 期，页码：114 ~ 117。

二、获得的奖励

得益于先进的安全管理理念、公司各级领导的正确领导以及全厂干部职工的共同努力，近年塔河采油一厂荣获了国家、自治区、中国石化集团、西北石油局、西北油田分公司颁发的多种奖励：

2000 年度新疆维吾尔自治区青年文明号荣誉称号；

2002 年度全国"安康杯"竞赛优胜企业；

2003 年度中国石油化工股份有限公司优胜采油厂；

2004~2005 年度中国石油化工股份有限公司红旗采油厂；

2006~2007 年度中国石油化工股份有限公司红旗采油厂；

2006 年度全国"安康杯"竞赛优胜企业；

2008 年度全国五一劳动奖章；

2008 年度全国"安康杯"优胜企业；

2008 年度全国五一劳动奖章；

2008~2009 年度中国石油化工股份有限公司红旗采油厂；

2010~2011 年度中国石油化工股份有限公司红旗采油厂；

2011 年度自治区总工会"开发建设新疆奖状"；

2010~2011 年度中国石油化工股份有限公司红旗采油厂；

2014 年度中国石油化工股份有限公司先锋采油厂；

2000~2001 年度中国石油化工股份有限公司五星站库：4-1 计转站；

2002~2003 年度中国石油化工股份有限公司五星站库：4-1 计转站、1 号联合站；

2008 年度全国"安康杯"竞赛优胜班组：1 号联合站；

2004~2005 年度中国石油化工股份有限公司五星级站：3 号计转站；

2006 年度新疆维吾尔自治区青年文明号：1 号联合站；

2007 年度全国青年文明号：1 号联合站；

2011 年度新疆维吾尔自治区青年安全示范岗先进班组：采油一队安全组；

2004 年中国石油化工股份有限公司金牌采油队：采油二队；

2006 年中国石油化工股份有限公司金牌采油队：采油二队；

2003 年中国石油化工股份有限公司银牌采油队：采油三队；

2005 年中国石油化工股份有限公司银牌采油队：采油三队；

2011 年度中国石油化工股份有限公司西北油田分公司安全生产先进分

队：采油三队。

三、相关制度及文件

塔河采油一厂在逐步推进安全管理工作的同时，形成了一系列制度与文件，包括《塔河采油一厂重点井、重点施工、重点工序、高风险作业安全管理规定（试行）》，《塔河采油一厂HSE问责细则》，《塔河采油一厂安全监督管理办法（试行）》，《塔河采油一厂"先锋讲坛"培训活动管理业务指导书》，《塔河采油一厂"属地管理、直线责任"业务指导书》，《塔河采油一厂HSE激励试行方案》，《塔河采油一厂代运行单位安全生产监督管理办法》，详见附录 E~K。

附录 A：

油公司模式下采油厂的安全管理探索

赵普春

(中国石化西北油田分公司塔河采油一厂, 新疆轮台 841604)

关键词：油公司 采油厂 安全管理 责任主体 隐患动态管理 风险受控

油公司模式[1-2]经营下的塔河采油一厂，围绕油气开发核心业务流程，以"生产专业化、竞争市场化、管理合同化、效益最大化"为原则，按照厂、队(站)、班组三级管理，实行市场化运作、合同化管理、专业化服务和社会化依托的企业经营方式运营。油公司管理模式的核心是承包商的管理，除利益共享外，更重要的是责任共担。

1 存在问题与面临的挑战

1.1 在承包商管理方面投入不到位

目前采油厂安全管理实施甲乙方同责制，安全生产的核心在生产现场，一线岗位操作人员全部由专业化服务队伍承包商提供。由于采油厂地处沙漠边缘，甲方职工实行连续工作 2 个月，休息 1 个月的倒休制度，在岗人员少，监护不到位；乙方职工休假根本没保证，连续上班 6 个月的较多。这种模式在短期内无法改变，很大程度上造成对承包商的人员、设备、操作、培训管理投入不足。

1.2 "三高"井多，造成作业量增大、安全风险倍增

目前存在的"三高"井，即高压、高含硫、高含蜡井，蜡堵现象严重，2013年 2562 次高处作业中 90% 为清蜡作业，同时由于高压和高含硫现象同时存在，对井控安全提出了更高的要求，对生产设备和作业队伍人员素质的要求也较高，造成作业时安全风险成倍增加。

1.3 辖区分布范围广，管控难度大

采油一厂管辖分布范围广，特别是 TP(托普)片区离厂区 200km 以上，

并且该治区安形势复杂；后期塔中、两顺等区块开发后距离厂部500km以上、通讯信号差，联络不畅，并且在新疆特殊的治安形势下都存在人员的安全问题。随着用工人数逐年减少，边远井站巡检、管理难度增大。

2 安全管理思路

采油厂通过多年来的管理实践，将安全责任、安全文化、HSE制度建设及落实、安全教育培训、井场站本质安全建设、风险辨识及控制、隐患排查治理、应急演练、HSE检查及督察、考核奖惩问责等10个HSE管理要素作为10条经线，将井控管理、消气防管理、直接作业环节管理、交通运输管理、承包商（代运行）管理、压力容器管理、危化品管理、职业卫生管理、环境保护管理、防恐防暴管理等10大重点专项作为10条纬线，构建了具有采油一厂特色的"十经十纬"兵营管理模式。

2.1 明确人员安全责任

按照"管业务、管安全"、"一岗双责"的原则将各级领导的责任分解落实，将管理目标和安全责任层层分解到岗位，做到"千斤重担人人担"。

2.2 加强三级安全教育

深化并巩固三级安全教育考核机制，将专业化服务队伍作为班组培训的一个环节，缓解基层队站单一培训的压力。通过层层把关培训，级级审查考核，夯实专业化服务队伍员工的安全基础。同时广泛开拓思路，开展技师现场授课、职工夜校、导师带徒等多种形式的安全培训，提升岗位员工技能。

2.3 强化设备安全管理

从场站建设设计、施工、验收各个环节进行跟踪控制，确保设备设施符合本质安全要求。在强化日常维护保养的基础上开展HAZOP工艺安全分析[3]，辨识装置隐患，并提出改进意见和建议，以提高装置工艺的安全性和可操作性，促进现场本质安全建设。

2.4 开展职业危害排查

按照职业卫生防护本要求，按时组织职业病健康体检，开展职业危害因素检测，并将结果进行告知，对检测结果超标的站场进行原因分析，落实措施，确保作业环境安全。在重点作业中开展JSA工作安全分析[4]、现场开展"目视化"建设，在岗位及作业场所风险辨识形成的"七想七不干岗位风险识别卡"的基础上,对存在安全隐患和风险薄弱的控制点设置安全警示牌及安全小贴士,进行安全风险提示告知。通过形象直观而又色彩适宜的各种视觉感知信息,在岗位员工日常操作中起到了良好的警示效果,构建良好的操作环境。

3 安全管理措施

3.1 严把准入关

在承包商选择环节,严格资质审查,优先选择具有集团公司、分公司准入的供应商、承包商,实行安全一票否决,对出现过重大事故的直接取消竞标资格,同时将安全业绩纳入技术标评分核心指标中。对新引入承包商实行动态管理,队伍进入验收环节,由市场、安全、生产、设备职能科室进行验收,落实人员证照、设备机具状况、安全防护用品配置、管理组织机构、人员技能等是否满足要求,对新进承包商,先安排风险较小的工程,若能安全管理安全、高效、保质保量完成,逐渐分配风险较大的工程。此外还按季度进行综合考核,多次考核不合格的,按照警告,停工、清退三步进行动态管理。对专业化服务队伍新工实行三级考核上岗制,先由专业化服务队伍按照采油厂HSE培训教材进行授课,考核合格后再由基层队站、采油厂进行考核,通过后方可上岗。每月由基层队站组织代运行职工考核,考核成绩与月度结算挂钩。通过以上3点,多举措、全方位把控准入关。

3.2 强化一体化管理

将承包商纳入采油厂一体化管理体系,使其成为采油厂安全管理的重要组成部分。实行 HSE 月度例会、油建周会、井控例会制度,涉及承包商列席参会,讨论、解决工作中的各种问题,确保各类作业安全、平稳、高效完成。

开展"我要安全"、"比学赶帮超"等一系列活动,在各类考核中,实行甲乙方共用一套试卷,成绩与绩效挂钩,营造公平、平等的管理氛围。通过一系列措施的落实与各承包商达成共识:"乙方的安全是甲方最大的效益,甲方的安全是乙方利益的前提",使其能积极主动参与到日常的安全管理中。

3.3 过程正激励

采油厂在 2013 年初下发了《塔河采油一厂QHSE 激励实施方案》,其中对单位 QHSE 激励采取"里程碑管理"激励方式,对员工采取"QHSE 积分激励"与"突出贡献激励"2 种方式,同时建立了 QHSE 正激励网络平台。由分队站在平台上报发现隐患,QHSE 管理科审批。对员工进行积分统计,按照一分兑换一元钱的方式在安全超市兑换奖品。正激励活动充分调动了员工发现隐患,解决隐患的积极性。

3.4　事中督查

采油厂成立安全环保督查队,由 QHSE 管理科进行日常管理,每天对采油气站场、采油作业现场、承包商修井作业及直接作业环节中各类标准、规范及制度的执行和落实情况、现场存在的安全隐患等进行督察,形成《安全督察日报》并在局域网公布。各部门、单位及时了解存在问题,督促落实整改并做到举一反三。对严重问题,依据《塔河采油一厂督查问责管理规定》及分公司相关制度要求,按照联络单、隐患整改通知书、督察令、停工令进行问责,除经济处罚外还对年度考核分进行相应扣除,直接影响招投标技术分判定。每年督查均达到 800 点次以上,对发现的问题整改情况实行动态监控,整改率达到 100%。

3.5　事后问责

采油厂实施双问责管理,切实落实"属地管理、直线责任"。把未遂事故、分公司督察提出的问题当作事故进行处理,对甲乙方相关人员进行问责,对存在问题进行反思并从中吸取经验教训、举一反三。一是对承包商队伍的督察问责,通过告知其上级主管部门、经济处罚、暂停投标活动、停工整顿等方法和手段进行问责,规范问责管理程序,促使承包商单位不断提高安全管理水平;二是对厂属各单位、部门的督察问责,通过 QHSE 月度例会严格问责履职情况,加强连带考核,促进各主管部门、单位积极主动地参与 QHSE 管理工作。

3.6　阶段评价

一是利用 QHSE 月度例会对当月督查情况进行通报并提出问责建议,部署下月重点工作。各主管部门通过油建周会、井控例会进行阶段评价,部署重点丁作;二是每半年由市场管理部门组织对各承包商进行一次阶段评价,按照百分制进行打分,对排名靠前的在后期招标中以技术分加分的方式进行兑现奖励;三是选树"十大安全管理标兵"、"十大安全卫士"并给予一定的奖励,通过阶段评优,在广大职工中形成人人争当标兵、卫士的氛围。

4 实施效果

4.1 工作量逐年增加，隐患呈下降趋势

2011–2013 年总作业量从 3321 次增加到了 5559 次，同比增加了 67.38%；而发现的隐患数量（分公司下发督查单据和采油厂下发单据）从 39 份减少到 30 份，下降 30%。这主要归功于采油厂在直接作业环节严格实行"一票、两案、双监护"管理：一是对直接作业环节严格执行作业票制度及各级审批制度；二是每次开具作业票前由生产、安全部门到作业现场确认施工方案、应急预案；三是要求现场管理单位及施工单位双方安全员共同进行安全监护。

4.2 班组建设成效显著，形成人人争优的良性竞争局面

采油厂总结多年班组建设的经验，构建了"以岗位责任制为核心、以标准化作业为手段、以高效安全完成各项生产经营指标任务为目标"的班组管理机制。一方面各单位、各部门健全各种规章制度，最大限度调动和发挥员工的创造性和积极性，使班组建设工作更加标准化、规范化、制度化；另一方而各基层单位开展班组评比竞赛，评选优秀班组和优秀班组长，开展班组创争活动，每季度组织召开班组建设成果发布会，总结交流经验、表彰先进、树立典型，使员工有良好的工作目标，形成了有意义的良性竞争。

4.3 持续深化正激励机制，员工查改隐患积极性高涨

截至 2013 年 12 月 31 日，各单位共上报各类安全隐患 1463 项，均得到了有效解决。正激励活动充分调动了员工发现隐患，解决隐患的积极性。不仅对安全隐患排查不留死角，员工响应积极，而且对各类排查隐患均认真落实了整改，在广大职工中营造了浓郁的查找隐患的氛同。2014 年的正激励侧重点转为隐患整改、合理化建议提出和班组管理提升 3 个方而。降低发现隐患积分奖励比例，提高落实隐患整改措施积分奖励比例，同时增设合理化建议、班组管理提升积分奖励项。切实提升正激励活动对 QHSE 管理的促进作用，构建"人人查隐患，处处改隐患；人人提建议，处处抓落实"的良好氛围，采油厂的安全管理模式由"严格监管"向"自主管理"不断迈进。

5 结语

油公司模式下采油厂的安全管理核心是承包商的管理，主体在于风险

的系统化管理和隐患的动态受控。通过明确安全责任、夯实安全基础、开展 HSE 正激励管理、持续推进风险管理和建立动态隐患库等措施，使塔河采油一厂有效施行了风险受控、可控的安全管理模式。

6 参考文献

[1] 张孝友. "油公司"管理模式调查与思考 [J]. 魅力中国，2008(3)：118-119.

[2] 李建国，刘志勤，鲁东岳，等. 石油企业实施"油公司"管理体制措施探讨 [J]. 石油地质与工程，2006(11)：96-97.

[3] 熊军，吴林，肖倩. HAZOP 分析在油气田开发生产中的应用探讨 [J]. 石油与天然气化工，2005(5)：25-26.

[4] 刘杰. 工作安全分析 (JSA) 模式在施工现场实践研究 [J]. 中国安全生产科学技术，2011(9)：11-13.

附录 B:

浅谈油田基层单位安全文化建设

张鹤鹏　　范岩俊

(中国石化西北油田分公司, 新疆轮台 841600)

关键词: 基层单位　安全文化　基本原则

油田企业是具有易燃易爆、易喷易泄、有毒有害、连续作业、点多线长等特点的高风险行业。其作为提供全社会发展动力的基础性产业, 在我国经济发展过程中扮演这举足轻重的角色。做好安全生产工作, 是所有石油企业的第一要务。基层安全文化是油田企业安全文化建设过程中的重要组成和有力支撑, 为培育新时期油田企业品牌、构建和谐稳定油田生产环境, 起到了积极的作用。

1 企业安全文化的表现形式及重要性

1.1 企业安全文化的表现形式

企业安全文化有多种表现形式: 安全文明生产环境与秩序, 健全的安全管理体制及安全生产规章与制度的建设, 沉淀于企业及员工心灵中的安全意识形态、安全思维方式、安全行为准则、安全道德观、安全价值观等。归根结底, 企业安全文化的内涵可以浓缩成两点: 一是创造安全的工作环境; 二是培养员工做出正确的安全决定的能力。

1.2 企业安全文化建设的重要性

a) 企业安全文化是实现安全管理的灵魂。如果讲制度的约束对安全工作的影响是外在的、冰冷的、立竿见影的、被动意义上的, 那么文化的作用则是内在的、温和的、潜移默化的、主动意义上的, 具有其他约束无法比拟的优越性, 企业安全文化所具有的凝聚、规范、辐射等功能对整个企业会直接产生巨大的推动作用。

安全文化是对传统安全管理的一种升华, 它在改变那些以往的安全观念过程中,创造和更新了人们的安全观念。安全文化能够提高员工的自我防范意识,从而保障个体和群体的安全,达到安全生产的最终目的。

b) 企业安全文化是凝聚员工的中间要素。在构筑企业安全文化过程中,文化的渗透性会以不同方式表现出来,成为凝聚员工的中间要素,直接或间接地引导员工把企业的安全形象、安全目标、安全效益同员工的个人前途、家庭利益紧密地结合起来,使之对安全的理解、追求和把握上同企业要达到的最终目标尽可能地趋向一致。

2 安全文化建设的基本原则

加强基层安全文化建设绝非一日之功,必须与企业实际结合起来,结合企业的长期发展目标,统筹规划,有序推进。

2.1 以人为本,注重科学性

安全文化是尊重人的生命和价值的文化。加强基层安全文化建设,就要求各级领导在思想和行动中体现以人为本,针对人的心理特点和规律,不断改进安全教育方式,推行更加人性化、科学化、规范化的管理方法。要以科学、文明、人本的态度去对待职工的生命权、健康权,激发职工自觉地把安全生产与自身的利益、个人的发展、家庭的幸福联系起来,使每个职工充分认识到"安全生产就是体现自身价值的重要标准",增强安全文化建设的亲和力。

2.2 将情感融入安全管理,重视对员工的激励

人的感情因素深深的渗透到行为中,影响着行为目标、行为方式等多个方面。每一名员工都拥有自己的情感世界,安全管理者只有深入了解、沟通和激发职工的内心情感,才能在管理工作中起到事半功倍的效果。基层员工安全工作积极性的调动,要靠安全管理人员的挖掘和引导,从而激发他们的工作热情和创造能力。企业可以在各级安全生产责任制的基础上,建立健全激励机制并严格兑现,从而调动员工参与安全管理工作的积极性和热情。

2.3 实行全方位安全管理,深化安全目标管理

安全管理就是对人的作业行为进行有效地管理。建立切实可行的新型管理模式,制定企业职工作业行为规范和安全操作规程等,不断学习安全理论知识,加强岗位安全技能培训,杜绝作业过程中不安全、不规范、不正确的操作方法。创建企业安全文化就要把有效的工作方法贯穿到企业生产的全过程。

安全目标管理是以企业安全管理部门总体安全管理目标为基础，逐级向下分解，使各级安全目标明确、具体，各方面关系协调、融洽，把全体成员都科学地组织在目标体系之内，使每个人都明确自己在目标体系中所处的地位和作用，通过每一位企业员工的积极努力来实现企业的安全目标。

2.4 注重全员培训，形式多样

在基层单位建立健全安全文化的过程中要真正把安全教育摆到重点位置。在教育途径上要多管齐下，既要通过安全培训、"安全日"等进行常规性的安全教育，又要充分发挥安全会议、厂报、有线电视、黑板报等多种途径的作用，强化宣传效果。在安全教育形式和内容上要力求丰富多彩，使安全教育具有知识性、趣味性，寓教于乐，广大职工在参与活动中受到教育和熏陶，在潜移默化中强化安全意识。

3 有效地开展基层安全文化建设

油田基层单位在构建企业文化的同时，要尝试构建行之有效的企业安全文化，实施理念引导、制度保证、安全预防"三位一体"的安全工作机制，将执行安全规章制度的"规定动作"与管理创新的"自选动作"紧密结合，构建起具有基层单位特色的安全文化，有力地促进企业的安全管理工作。

3.1 以先进理念引导员工树立安全意识

安全生产工作的扎实开展不仅要依靠安全技术 (Engineering)、安全设施等硬投入，更需要安全管理 (Enforcement)、安全教育 (Education) 等软文化。塑造出适合自身实际具有特色的安全文化，使员工把自己的安全和企业的安全紧紧地绑在一起，从而自觉地去遵从制度。

基层安全文化建设是一项系统工程，不仅要抓好现场施工，还要搞好驻地安全文化氛围营造工作。应利用报纸、电视、期刊等多种媒介，结合制作警示语、开展安全技能比武、表彰安全生产工作中的先进个人和集体等一系列手段，吸引和鼓励全体员工投身于安全生产工作中来。通过理念引导和教育培训，增强企业员工的安全忧患意识、责任意识，最终形成人人肩上有责任，全员主动参与保安全的生动局面。

3.2 完善安全制度体系，发挥党政工团优势

a) 培育安全制度文化。安全制度文化对于推动企业安全管理体制健康

发展具有重要作用,包括企业内部的组织机构、管理网络、部门分工、安全生产法规与制度建设。在基层安全文化建设过程中,要根据自身实际,不断改进和完善安全管理手段,制定和实施旨在保证员工参与安全工作积极性的措施,将安全考核指标同劳动报酬、奖金分配等直接挂钩,将制度的刚性力量与人性化管理手段相结合,确保安全文化建设的良性发展。

b) 充分发挥基层单位党政工团优势。俗话说"火车跑得快,全靠车头带",基层单位在建设安全文化的过程中,除了管理层要重视安全,带好头之外,更要充分发挥党政工团的力量。各级党、政、工、团组织要将安全生产工作纳入自身工作重要日程,在单位内部广泛开展"党员先锋岗"、"青年安全岗"建设,并与"红旗责任区"、"安全生产标兵"评选等结合起来,充分发挥党政工团组织的先锋"火车头"作用,逐步引导全员参与安全生产的积极性。

3.3 注重事前预防,助推安全文化建设

a) 规范员工的安全行为。油田基层单位作为参与生产、管理的排头兵,要着力解决一线员工安全行为不规范问题,培养他们防范"三违"的意识。通过管理手段、制度管理提高员工的安全意识和规范安全操作行为,抓基层打基础、抓纪律反违章、抓现场除隐患,是实现安全生产减少伤亡的根本措施,更是安全文化建设重要的一环。

b) 强化风险辨识和风险控制。油田企业具有易燃易爆、易喷易泄、有毒有害、连续作业、点多线长等特点,基层员工作为生产现场的直接参与者、管理者,其接触危险的可能性非常大。基层单位在安全管理过程中,要注重风险的辨识和控制。通过教育培训、制作生产现场危险告知牌、积极制定风险消减及控制措施等一系列手段使一线员工清楚生产现场存在哪些危险、已经采取了哪些控制措施、一旦发生险情应该如何处置及自保。强化风险辨别和风险控制不仅有助于扎实做好生产现场的安全管理,对于基层单位安全文化建设也有不可小觑的积极作用。

c) 强化应急管理体系。油田企业的高危性使得应急管理成为必然,基层单位要不断强化并持续改进应急管理体系,筑牢应对事故发生的最后一道防线。在日常安全管理过程中,基层单位要根据自身存在的风险有针对性的制定相应应急预案,建立健全应急管理机构、明确应急机构职责、储备应急物

资,同时做到有预案必有演练、有演练必有提高。在做好自身应急管理工作的同时,助推安全文化建设工作扎实开展。

4 结语

安全生产是事关油田企业稳定发展的重大问题,安全文化建设是现代企业安全管理的一种新思路、新策略,也是企业预防事故的重要基础工程。油田基层单位推行安全文化建设须从本单位的实际情况出发,全面地、客观分析员工安全价值观的取向,认真分析当前安全生产现状,有针对性地推动安全文化建设,把企业安全文化与企业文化有机的结合起来,不断提高、丰富和创新安全文化,形成与时俱进、持续丰富和繁荣的企业安全文化。

附录 C：

油气井远程监控和数据采集系统建设的必要性探讨

范岩俊

(中国石化西北油田分公司塔河采油一厂, 新疆轮台 841600)

关键词：油井 信息化 远程监控 远程数据采集

　　塔河油田位于天山南麓、塔克拉玛干沙漠北缘的戈壁荒漠地带, 地处新疆维吾尔自治区的库车县和轮台县境内, 东北距离轮台县城约 50km。1997 年通过对奥陶系碳酸盐岩的勘探开展, 部署的油井 S46 井和 S48 井分别获得高产、稳产工业油气流, 标志着塔河油田——我国第一个古生界海相大油田的发现。截至 2011 年底, 塔河油田累计生产原油 5767.99×10^4t、天然气 123.41×10^8m^3。

1 油井管理现状及远程监控的必要性

　　塔河油田地处大漠戈壁深处, 远离城市, 人烟稀少, 大半年时间为风沙天气, 夏季最高气温高达 40℃, 寒冬时气温降到零下 30℃, 自然环境条件极为恶劣。油田单井目前的管理方式主要为人工巡井, 对单井流程生产数据进行手工记录。各采油队设置专职的巡井班, 以塔河采油一厂为例, 为覆盖所有的单井流程及主干输油管网, 通过对单井流程分布情况进行统筹分析, 共设置巡检线路 30 条, 配置巡检车辆 30 辆, 专职巡检人员 182 人。人工巡检不仅占用了大量的生产资源, 而且采用手工记录的方式进行数据采集, 不仅耗时长、效率低, 并且容易受外界气候环境的限制, 严重制约着油田的高效发展。

　　石油企业是技术密集型、风险集中型企业, 生产数据信息采集、处理和分析的滞后就意味着生产技术手段和运行管理的落后, 甚至严重威胁企业生产安全。尤其是近几年来, 随着油田生产规模的不断扩大, 同时伴随国内外经营环境的变化和管理理念的创新, 加强油田信息化建设, 提高自动化生产管理水平已经成为企业持续、高效、安全发展的必然选择。

a) 塔河油田区域面积跨度很大,以塔河采油一厂为例,管辖区域面积近 2000km²,跨度超过 200km。油气井分散分布于轮台县、尉犁县及库车县等多个市县。如何及时、准确的掌握油气井的井口温度、压力、油压、套压、回压等生产动态信息成为提高生产效率和保障安全的关键。

b) 油田单井流程多为无人值守。一方面生产设备设施受自然环境的侵蚀及油品品质的影响,长期运行容易造成管线腐蚀穿孔,可能引发自然环境污染事件;另一方面作为重要的经济资源,油田物资被盗、盗油等治安刑事案件时有发生。通过安装远程视频监控系统可以实时监控油气井的生产状态,及时处理发生的各类事件,而且可以有效的威慑违法犯罪分子,保障单井流程安全。

2 油井信息化建设内容

塔河油田信息化建设包括油井远程视频监控系统、井站库自动化监控系统等多系统的监控平台,实现数据源头的自动快速采集和视频实时监控。

通过井站库自动化监控系统实现生产数据的自动采集、自动分析、集中管理和集中控制,对关键部位实现远程控制操作,同时优化用工数量,支持精细管理,提高油田生产效率,降低人力、车辆费用等综合成本,使生产和管理人员及时控制和掌握生产动态,从而实现整个生产过程的自动化。

通过视频监控系统对采油气生产现场及单井流程进行实时监控并对取得的实时数据进行统计、分析、优化,从而保证生产设备正常运转、提高油气井的安全系数,及时发现各类生产安全事件,实现油田生产、管理的自动化、信息化"两化"融合,提高油田综合管理水平。

3 油井信息化建设的基本框架

3.1 油井远程视频监控系统总体架构

油井远程视频监控系统主要通过单井流程安装防爆摄像一体机,防爆话筒式扬声器、功率放大器、光纤转换器等设备,并在中心站安装网络控制键盘、PC 工作站、网络交换机、路由器、网络视频服务器、网络视频解码器、磁盘存储、终端显示等设备,保障单井流程的数据即时采集、传输。油井远程视频监控系统采集到的井场现场视频影像,通过光纤方式传输到中心站,在经过网络视频服务器、网络终端统一处理后,将实时发送到监控平台上进行显示。

通过对井场环境、对各单井流程出入人员及车辆进行视频监控，可迅速了解现场情况，及时采取相应的措施，如单向喊话警告或禁止等，并可发现各单井站生产现场的异常情况，及时采取相应的处置措施。

3.2 井站库自动化监控系统总体架构

油田单井流程采集系统采用温度变送器、压力变送器、井口成套 RTU、数据采集服务器、控制电缆、工业交换机等设备设施组成网络，RTU 对油气井数据的采集。通过光端机转换为数字信号，经传输介质（网线或光纤）将数据传送到中心站，并在 PC 客户端显示油压、套压、回压、井口温度等相关的生产实时数据。

4 油井信息化建设的意义

随着油田信息化建设的逐步推进，油田内部逐渐从粗放式管理向精细化管理、信息化管理过渡，逐步加强从采油到集输的集中管理。利用单井流程现场监控及数据采集系统，实现数据源头自动采集，并加载到生产信息综合数据库，为各级生产管理部门提供开放的数据平台，使生产和管理人员及时掌握生产动态，从而实现整个生产过程的自动化；并可以对取得的实时数据进行统计、分析、优化，从而为保证生产设备正常运转、降低生产成本提供重要依据。

5 结语

a) 塔河油田气候环境极为恶劣，夏季最高气温可达 40℃，寒冬时气温可降至零下 30℃，且扬沙天气持续时间长，因此，应选择全天候室外型无线网桥组建网络，以此保证在各种恶劣的自然气候环境下都可以稳定工作。

b) 塔河油田地处偏远，覆盖范围广，油田单井流程分布极为分散，有的单井之间相距几十米，有的则相距达数十公里。信息化建设过程中需要统筹布置中心基站或架设中继设备，保证远距离的生产数据采集及视频监控信息高保真的传输。

6 参考文献

[1] 西北石油局, 西北油田分公司. 西北石油年鉴 2012[M]. 乌鲁木齐: 新疆人民出版社, 2013: 58-59.

[2] 北京节点通网络技术有限公司.油田自动化信息管理无线网络系统 [EB/OL].http://www.nodes.com.cn.

[3] 沈沛勇,薛哲,张杰.紧密结合实际,促进油田信息化建设 [J].石油工业计算机应用,1999(1):34-37.

附录 D：

模糊综合评价法在联合站安全评价中的应用

游玮琛

(中国石化西北油田分公司塔河采油一厂, 新疆轮台 841600)

摘要：运用层次分析法分析了影响联合站安全性各个因素的权重值, 利用模糊理论将某些模糊数值客观化、定量化、科学化。利用模糊层次综合分析法有效地将人的因素、物的因素以及环境的因素结合起来, 系统地反映各个因素对联合站安全的影响大小, 为联合站的安全运行提供了理论上的支撑, 具有一定的实用和推广价值。

关键词：联合站安全 层次分析法 模糊综合评价法 安全评价

中国石化西北油田分公司塔河采油一厂联合站是分公司的第一座标准化联合站, 由于投用时间长, 面临设备落后, 老化严重, 同时长时间超负荷运转。这些都给正常生产带来了很大的安全隐患, 一旦发生事故, 轻则造成系统停运, 影响整个塔河油田的原油生产；重则造成人员伤亡, 财产损失以及环境污染等, 这就使得联合站的安全状况成为大家关注的焦点, 同时也使联合站安全评价显得更为紧迫。当前比较常见的安全评价方法有安全检查表法、事故树法、事件树法、道化学公司的火灾爆炸指数评价法等等, 都可以比较明确的反应出了所选对象存在的风险和隐患。但是, 这些方法是既定化、程式化的方法, 在多因素复杂系统中, 难以明确的辨识出各个危险源, 并且很难阐释清楚各个因素之间的关联性、各自的重要度、地方差异性等。

模糊综合评价法是基于一种层次分析法确定各个指标权重, 然后利用模糊数学的相关理论将模糊的主观打分值客观化并得出科学、客观的评价结果的一种综合分析方法。联合站在实际的运行过程中, 许多因素是定性而非定量的。因此应用模糊层次分析法建立层次模糊评价模型, 可以有效的将影响联合站安全性的各个因素与安全现状联系起来, 能够客观的反应出系统的安全现状和各个因素对联合站安全性影响的大小。

1 联合站运行安全指标体系的建立

根据指标体系的建立原则,同时结合本人多年在现场工作过程中对联合站集输系统运行状况的了解,参照安全理论中危险源辨识的分类基本思想,结合安全系统工程学的基本理论,设置了联合站系统的安全运行三大指标:人的行为,机(物)的状态,环境条件,并用此作为评价体系的准则层。在此准则层下,又各自细化,共得到 14 个不同的具体评价指标,构成了一个相对完整的联合站模糊综合评价指标体系,具体见图 1。

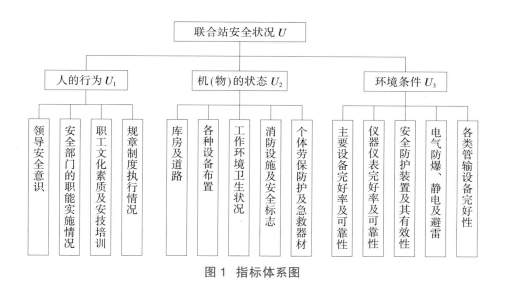

图 1 指标体系图

2 评价指标权重的确定

在评价指标体系中,每个指标对总目标功能的实现的重要程度互不相同。权重表示各个指标的相对重要程度。因此如何有效地确定各个因素的权重值,对后续的评价工作非常重要。层次分析法(Analytic Hierarchy Process,简称 AHP)是由美国运筹学家 T.L.Saaty 于 20 世纪 70 年代提出的,是一种定性和定量相结合的权重确定方法,是一种应用科学和多管理决策相关任务的有效方法,处理复杂、多准则、无法预测的系统时宜选用层次分析法。层次分析法同时是一种将定性与定量分析方法相结合的多目标决策分析方法。该法的主要思想是通过将复杂问题分解为若干层次和若干因素,对两两指标之间的重要程度作出比较判断,建立判断矩阵,通过计算判断矩阵的最大特征值以及对应特征向量,就可得出不同方案重要性程度的权重,为最佳方案的选择提供依据。层次分析法在联合站安全评价中的作用是在众多指标中建立起相应的指标体系,定量确定评价指标体系中各种安全因素的权重,可以更客观地反映联合站系统的安全运行状况,提出更合理的控制措施。层次分析法一般包括四个步骤:建立递阶层次结构、构造两两比较判断矩阵、解判断矩阵并进行一致性检验、计算各指标的相对权重。

2.1 构造判断矩阵

构造两两比较判断矩阵时,评价者要反复回答问题:两个因素 A_i 和 A_j 哪一个更重要,重要多少,需要对重要多少赋予一定数值,采用 1 ~ 9 比例尺度(标度)。重要度定义如表1。同样对次要多少赋予的数值,如表2所示。

表1 重要度定义表

1	两个因素比较,具有同样的重要性
3	两个因素比较,一个因素比另一个因素稍重要
5	两个因素比较,一个因素比另一个因素重要
7	两个因素比较,一个因素比另一个因素重要得多
9	两个因素比较,一个因素比另一个因素极重要
2, 4, 6, 8	介于上述两个相邻判断的中值

表 2 重要度定义表

1/3	两个因素比较,具有同样的稍次要
1/5	两个因素比较、一个因素比另一个因素次要
1/7	两个因素比较,一个因素比另一个因素次要多
1/9	两个因素比较,一个因素比另一个因素极为次要
1/2, 1/4, 1/6, 1/8	介于上述两个相邻判断的中值

进行两两因素之间重要程度的比较,可得比较矩阵,见表3。

根据此结果,得到比较矩阵: $A=[a_{ij}]_{n \times n}$;其中, $a_{ij} \geqslant 0$; $a_{ii}=1$; $a_{ij}=1/a_{ji}$。按照前面建立的层次递阶结构模型,每一层元素以相邻上一层元素为基准, 按照表 1 标度取值方法两两比较构造判断矩阵。指标的标度值由专家取定, 构造判断矩阵 $A=[a_{ij}]_{m \times n}$。

表 3 比较矩阵

列　　　行	A_1	A_2	$\cdots$	A_n
A_1	a_{11}	a_{12}	$\cdots$	a_{1n}
A_2	a_{21}	a_{22}	$\cdots$	a_{2n}
$\vdots$	$\vdots$	$\vdots$	$\vdots$	$\vdots$
A_n	a_{n1}	a_{n2}	$\cdots$	a_{nn}

综合现场各部门技术人员的评判结果, 联合站安全性的 3 个一级指标的判断矩阵为:

2.2 权重的计算

2.2.1 权重计算步骤

通过"和积法"计算权重向量和特征根, 其具体计算步骤如下:

a) 对 A 按列规范化, 即将判断矩阵 A 的各列作归一化处理:

$$A = \begin{bmatrix} 1 & 1/4 & 1/2 \\ 4 & 1 & 3 \\ 2 & 1/3 & 1 \end{bmatrix}$$

b) 求判断矩阵 A 各行元素之和 $\overline{\omega}_{ij}$:

$$\overline{a}_{ij} = \frac{a_{ij}}{\sum\limits_{i=1}^{n} a_{ij}} \ (i,j=1,2,\cdots,n) \tag{1}$$

c) 将得到的和向量正规化 (即归一化处理), 得到权重向量 ω_i:

$$\overline{\omega}_{ij} = \sum_{j=1}^{n} \overline{a}_{ij} (i=1,2,\cdots,n) \tag{2}$$

d) 根据 $A\omega = \lambda_{\max}\omega$ 计算矩阵的最大特征根 $\lambda_{\max}$:

$$\omega_i = \frac{\overline{\omega}_i}{\sum\limits_{i=1}^{n} \overline{\omega}_i} \quad (i=1,2,\cdots,n) \tag{3}$$

e) 一致性检验

$$\lambda_{\max} = \sum_{i=1}^{n} \frac{[AW_i]_i}{n(W_i)_i} \tag{4}$$

为了减少认为连贯性和主观性导致的误差波动，Saaty 提供了一个指标来检验结果得一致性。由 $\lambda_{\max}$ 可以得一致性指标 $C.I.$。其中，n 是判断矩阵的阶数：

$$C.I. = \frac{\lambda_{\max} - n}{n-1} \tag{5}$$

根据式(5)和查表所得到的随机一致性指标 $R.I.$，可以进行一致性检验。当随机一致性比率 $C.R.$ 满足式：$C.R. = C.I./R.I. < 0.1$ 时，则层次单排序结果具有满意的一致性；否则对 A 进行修正。表4给出了Satty关于平均随机一致性指标 $R.I.$。

表4　平均随机一致性指标 $R.I.$

n	1	2	3	4	5	6	7	8	9	10	11
$R.I.$	0.00	0.00	0.58	0.9	1.12	1.24	1.32	1.41	1.45	1.49	1.51

通过 $\lambda_{\max}$ 的一致性检验，可以根据结果，确定出各部分的权重；同时，可以再往下计算下一层的权重。一旦层次结构建立完备，就可以应用层次分析法对系统进行安全分析。

2.2.2　权重计算结果

对联合站安全性的3个一级指标的判断矩阵 A 按式（1）按列做归一化处理得：

$$A' = \begin{bmatrix} 0.14 & 0.16 & 0.11 \\ 0.57 & 0.63 & 0.67 \\ 0.29 & 0.21 & 0.22 \end{bmatrix}$$

按照行向量相加得：

$$A'' = \begin{pmatrix} 0.41 \\ 1.87 \\ 0.72 \end{pmatrix}$$

做归一化处理可得权重向量为：

$$w_i = \begin{pmatrix} 0.14 \\ 0.62 \\ 0.24 \end{pmatrix}$$

由式 (4)，可以得出最大特征根：$\lambda_{max}=3.018$。

再由公式 (5) 得，$C.I.=\dfrac{\lambda_{max}-n}{n-1}=0.0092<0.1$，查表 4 并计算得 $C.R.=C.I./$

$R.I.=0.0092/0.58=0.0159<0.1$ 可知，该层排序结果具有满意的一致性。

同理可得各二级指标的权重如表 5：

表 5　准则层指标权重

一级指标	权重值	二级指标	权重值权
人的行为 (u_1)	0.14	领导安全意识 (u_{11})	0.22
		安全部门的职能实施情况 (u_{12})	0.31
		职工文化素质及安技培训 (u_{13})	0.25
		规章制度执行情况 (u_{14})	0.22
物（设备、设施）的状态 (u_2)	0.62	主要设备完好率及可靠性 (u_{21})	0.21
		仪器仪表完好率及可靠性 (u_{22})	0.26
		安全防护装置及其有效性 (u_{23})	0.18
		电气防爆、静电及避雷 (u_{24})	0.19
		各类管输设备完好性 (u_{25})	0.16
环境条件 (u_3)	0.24	库房及道路 (u_{31})	0.17
		各种设备布置 (u_{32})	0.15
		工作环境卫生状况 (u_{33})	0.32
		消防设施及安全标志 (u_{34})	0.19
		个体劳保防护及急救器材 (u_{35})	0.17

3 联合站系统的模糊综合评价

3.1 评语等级的建立

因为联合站系统安全评价体系的各层因素分别着眼于其设备的安全性、危险性如何和措施好坏两个角度，即有些因素用安全性、危险性来衡量，而有些因素只能用好坏来评定。因此确定评价集等级论域 V={ 安全，较安全，一般，较危险，危险，极度危险 } 或者 V={ 优秀，良好，一般，较差，很差，极差 }，其所对应的评价向量表示为：V={1，2，3，4，5，6}。

我们设定评估因素为 6 个等级，每一个等级的成绩区间为：优秀 (90 分以上)，良好 (80 ~ 90 分)，一般 (60 ~ 80 分)，较差 (40 ~ 60 分)，很差 (20 ~ 40 分)，极差 (20 分以下)，相应的，除"优秀等级"外其余均可选择各等级成绩区间的下限作为各等级的参数。即：

$$C=(100 \quad 80 \quad 60 \quad 40 \quad 20 \quad 0)^T$$

3.2 综合判断矩阵的建立

邀请 10 位专家 (由于条件限制，邀请各职能办公室主管及班长、主岗共 10 人，工龄均超过 7 年) 根据实际情况对二级指标进行投票，根据投票数并进行正规化，可得到各指标对评语等级的隶属度，得到的判断矩阵如表 6：

表 6 二级指标综合判断矩阵

一级指标	二级指标	优 秀	良 好	一 般	较 差	很 差	极 差
R_1	R_{11}	0.2	0.3	0.2	0.2	0.1	0
	R_{12}	0.1	0.2	0.3	0.3	0.1	0
	R_{13}	0.2	0.2	0.3	0.3	0	0
	R_{14}	0.3	0.1	0.3	0.2	0	0.1
R_2	R_{21}	0.2	0.2	0.3	0.1	0.2	0
	R_{22}	0.3	0.4	0.1	0.2	0	0
	R_{23}	0.2	0.1	0.1	0.3	0.2	0.1
	R_{24}	0.1	0.1	0.3	0.2	0.3	0
	R_{25}	0.3	0.2	0.2	0.2	0.1	0
R_3	R_{31}	0.2	0.2	0.4	0.2	0	0
	R_{32}	0.1	0.5	0.1	0.2	0.1	0
	R_{33}	0.3	0.3	0.2	0	0.2	0
	R_{34}	0.1	0.6	0.3	0	0	0
	R_{35}	0.2	0.1	0.6	0	0.1	0

3.3 单因素评判

模糊合成运算,采用普通的矩阵乘法运算,即:

$$B_1=A_1 \times R_1=(0.22 \quad 0.31 \quad 0.25 \quad 0.22) \times \begin{bmatrix} 0.2 & 0.3 & 0.2 & 0.2 & 0.1 & 0 \\ 0.1 & 0.2 & 0.3 & 0.3 & 0.1 & 0 \\ 0.2 & 0.2 & 0.3 & 0.3 & 0 & 0 \\ 0.3 & 0.1 & 0.3 & 0.2 & 0 & 0.1 \end{bmatrix}$$

$$=(0.191 \quad 0.2 \quad 0.278 \quad 0.256 \quad 0.053 \quad 0.022)$$

同理可得:

$$B_2=A_2 \times R_2=(0.217 \quad 0.215 \quad 0.196 \quad 0.197 \quad 0.151 \quad 0.018)$$
$$B_3=A_3 \times R_3=(0.198 \quad 0.336 \quad 0.306 \quad 0.064 \quad 0.098 \quad 0)$$

总评判矩阵为:

$$R = \begin{bmatrix} 0.191 & 0.2 & 0.278 & 0.256 & 0.053 & 0.022 \\ 0.217 & 0.215 & 0.196 & 0.197 & 0.151 & 0.018 \\ 0.198 & 0.336 & 0.306 & 0.064 & 0.098 & 0 \end{bmatrix}$$

3.4 联合站系统总评价

$$B=A \times R=(0.14 \quad 0.62 \quad 0.24) \times \begin{bmatrix} 0.191 & 0.2 & 0.278 & 0.256 & 0.053 & 0.022 \\ 0.217 & 0.215 & 0.196 & 0.197 & 0.151 & 0.018 \\ 0.198 & 0.336 & 0.306 & 0.064 & 0.098 & 0 \end{bmatrix}$$

$$=(0.21 \quad 0.24 \quad 0.23 \quad 0.17 \quad 0.12 \quad 0.01)$$

等级计算如下:

$$B \times C=(0.21 \quad 0.24 \quad 0.23 \quad 0.17 \quad 0.12 \quad 0.01) \times (100 \quad 80 \quad 60 \quad 40 \quad 20 \quad 0)^T=63$$

3.5 结果分析

根据前面建立的评语集合可知,联合站系统总体状态为一般。根据表6,由最大隶属度原则有,人员素质及其规章执行情况一般,设施完备及完好率优秀,环境卫生条件良好。因此,联合站应该全面提升员工的安全知识水平,加强培训,强化规章制度的执行。

4 结语

根据建立的层次模糊综合分析模型对联合站进行了基本的安全评价，并根据评价的实际结果给出了改进措施。同时，采用的层次分析法以及模糊评价法，具有定性定量相结合的优点，较好的解决了相关数据不足的缺陷，此法具有科学性和合理性，并具有一定的推广使用价值。

由于时间和本人研究水平所限，本文中比较标度的确定及二级指标综合判断矩阵的建立有很大的主观性，导致结果准确性下降。这有待在实践运用中总结改进。

5 参考文献

[1] 王立志，韩福荣．综合评价系统中数学模型的应用 [M]．北京工业大学学报，1995，21(4)：39–45.

[2] 肖芳淳，张修碚，雍歧东．模糊灰元风险分析及其应用 [M]．石油矿场机械，2001，30(3)：10–13.

[3] 王小群，张兴容．模糊评价数学模型在企业安全评价中的应用 [J]．工业安全与环保，2002，28(12)：29–32.

[4] 陈垚光．模糊灰色在安全评价中的应用 [M]．矿业安全与环保，2006；33(1)：83–85.

[5] 周真，孙中元，刘芳，等．基于 AHP 的生产企业风险级别分类模型研究 [J]．哈尔滨理工大学学报，2010，15(1)：103–107.

[6] 郭金玉，张忠彬，孙庆云．层次分析法的研究与应用 [M]．中国安全科学学报，2008，18(5)：148–152.

[7] 张景林，崔国璋．安全系统工程 [M]．北京：煤炭工业出版社，2002：33–41.

[8] 王莲芬，许树柏．层次分析法引论 [M]．北京：中国人民大学出版社，1990.

附录 E:

塔河采油一厂重点井、重点施工、重点工序、高风险作业安全管理规定

第一章 总则

第一条 为有效落实安全生产责任制，加强对重点井、重点施工、重点工序、高风险作业（以下简称"三重一险"）的安全管理，在《西北油田分公司重点井、重点施工、重点工序、高风险作业安全管理规定（试行）》的基础上，结合塔河采油一厂（以下简称采油厂）工作实际，特制定本规定。

第二条 加强"三重一险"安全管理，目的是及时解决和处理施工作业现场出现的问题和隐患，有效消减和控制作业风险，杜绝各类事故发生。

第三条 本规定所称的"三重一险"是指：

（一）重点井：

采油气阶段包括：高压油气井（油压或套压大于等于 20MPa 或气油比大于 700 的油气井）；高含硫化氢井（硫化氢含量大于等于 500ppm）。

井下作业阶段包括：复杂大修井；特殊作业井（注水井调剖、酸化压裂、防砂）；新工艺实验井；高含硫化氢井；高压、高气油比井。

（二）重点施工：

酸压：油气井酸压作业及后续的开井作业。

测试：入井工具检查、测试开关井作业。

修井：换装井口、抽汲作业、气举作业、捞油作业、更换光杆作业、处理井下复杂作业（打捞落鱼、修套、补套、换套管、套铣钻磨、解卡、油井报废处理）、试压作业。

油建：土建和砼现浇施工作业、大型设备和容器吊装作业、工艺焊接作业、工程吹扫试压作业、隐蔽工程施工作业。

检维修：油气处理站检维修作业、清罐作业及储罐安全附件的检维修作

业、压力容器的开罐检修作业、石油天然气站库及单井流程投产作业、油气管道清管作业和收发球作业、油气集输管道泄漏的抢维修作业。

测井：井筒准备作业、入井仪器效验、放射源管理。

搬迁：修井前后的起放井架作业、吊装作业。

（三）重点工序：

修井施工作业关键工序：预测关井井口压力大于25MPa(含25MPa)硫化氢浓度达到500ppm(含500ppm)以上的生产井修井开工验收；关井井口压力大于35MPa(含35MPa)的生产井或油气层硫化氢浓度达到1000ppm(含1000ppm)以上的修井开工验收；油气层硫化氢浓度达到500ppm(含500ppm)以上且气油比大于700的生产井修井开工验收；发生溢流和井涌的修井压井施工作业。

动火和进入受限空间作业关键工序：油气集输场站和天然气处理厂一级、二级动火作业的开工验收；进入受限空间施工作业前的开工验收。

石油天然气站库检维修和投产施工作业关键工序：天然气处理站停产检维修作业施工前的开工验收；3000m³(含3000m³)以上人工清罐作业的开工验收；一、二、三、四级石油天然气站库投产的开工验收；天然气处理站系统大型检维修作业的开工验收。

油气管道施工作业关键工序：油气管道清管作业和收发球作业的开工验收；油气集输干线管道泄漏的抢维修作业。

采油气生产过程中的关键工序：硫化氢浓度超过500ppm(含500ppm)并带有自喷能力的油气井进行抽汲作业的开工验收；油压或套压大于20MPa(含20MPa)的油气井在井筒内进行解堵作业的开工验收；连抽带喷的抽油井进行的更换光杆作业；不需要上修，进行的换装井口作业；硫化氢含量超过500ppm的采油气井口进行的气举作业。

油气测试作业关键工序：预测关井井口压力大于35MPa的油井进行的测试作业井开工验收；硫化氢含量超过500ppm的井进行的地层的动态监测作业开工验收。

应急抢险作业全过程均为关键工序应严格按采油厂应急预案规定执行。

（四）高风险作业：

动火作业，进入受限空间施工作业，临时用电，高处作业，破土作业，起重作业、交叉作业（两种或两种以上的相互关联的作业）。

第四条　本规定适用采油厂各单位和各承包商单位。

第二章　职责和权利

第五条　采油厂有关单位、部门和承包商单位是"三重一险"施工作业的责任主体，应按照责任分工和"谁主管、谁负责"的原则，制定完善管理制度，加强对"三重一险"施工作业过程的控制。

第六条　"重点井"采油气阶段的责任部门、单位为生产运行科及相关的采油队；修井作业阶段责任部门、单位为井下作业项目管理部和修井承包商。由生产运行科、质量安全环保科、井下作业项目部和各采油队按采油厂管理程序明确分级管理的职责，确保重点井监督检查管理到位。

第七条　"重点施工"责任单位为专业主管部门和单位。由主管部门按采油厂管理程序明确重点施工的责任主体，完善监督考核制度，确保施工作业安全。

第八条　"重点工序"主管部门和主管单位执行西北油田分公司及采油厂《施工作业关键工序领导带班现场安全监督检查规定》。

第九条　"高风险作业"责任单位为各主管单位及部门，应按照分公司及采油厂"安全生产监督管理制度"，落实安全许可、防护用具、作业安全措施、监护人员、应急预案和应急措施，对高风险作业施工安全全面负责。

第十条　"三重一险"施工作业由各责任单位、部门按照国家相关法律、法规、行业标准，中石化、分公司及采油厂相关制度和标准进行现场安全检查。

第十一条　"三重一险"施工作业由分公司及采油厂各级 HSE 监督管理机构进行督察检查或抽检，执行分公司及采油厂《HSE 监督管理规定》。

第三章　处罚和考核

第十二条　对"三重一险"施工作业中的事故、事件按《西北油田分公司生产安全事故行政责任追究规定》进行处理；对违章行为按《西北油田分公司承包商违规违章问责管理规定》、《西北油田分公司 HSE 月度考核挂牌管理规定》进行处理；对相关员工按《西北油田分公司员工违规违章问责管理规定》进行处理。

第十三条 质量安全环保科负责对本规定如何加强贯彻落实进行指导。执行情况由油田安全岗及安全环保督察岗每月进行一次全面督察，对相关责任部门和单位的执行情况进行检查和组织整改，将督察，并负责将督察情况通过局域网通报至全厂，督察结果纳入到责任部门和单位的考核成绩中。

第十四条 采油厂各职能部门，各单位，以及油研所和井下作业管理部为本规定的执行部门和单位，执行情况将与各单位的安全考核分挂钩。

第十五条 本规定执行情况的检查和考核采取日常督察的方式。以现场督察各类施工、作业是否严格按"三重一险"分级进行开工验收及施工监控，主要检查检查记录表或开工验收书。未按本规定进行检查或开工验收将扣责任单位安全考核分 5 分。检查不到位或开工验收失误造成事故的按采油厂《安全考核管理办法》执行。

第十六条 本规定在执行过程，如与分公司"三重一险"管理规定产生矛盾时，必须按分公司制度执行，并将问题以书面形式反馈给质量安全环保科，由质量安全环保科负责统一修订。

第四章 附则

第十七条 本规定在执行过程中，发现不切合实际生产情况的条款，应以书面形式反馈给质量安全环保科，由质量安全环保科负责统一修订。

第十八条 本规定所涉及内容与国家法规、企业标准或分公司相关规章制度发生冲突，应按国家法规、企业标准或分公司相关规章制度执行。

第十九条 本规定自发布之日起执行，由质量安全环保科负责解释。

附录 F：

塔河采油一厂 HSE 问责细则

第一章　总则

第一条　为全面贯彻落实中石化安全生产禁令、西北油田分公司安全生产禁令以及塔河采油一厂各项安全生产管理规章制度和作业操作规程，规范员工操作行为和承包商施工行为，保证采油厂生产秩序和施工作业的有序进行，有效防范各类事故的发生，特制定本 HSE 问责细则。

第二条　本问责细则适用于塔河采油一厂属各单位、承包商。

第二章　编制依据

《西北油田分公司生产安全事故行政责任追究规定》

《西北油田分公司员工违章违规安全问责管理规定》

《西北油田分公司承包商违章问责规定》

《塔河采油一厂月度考核管理办法》

第三章　责任追究原则

第三条　责任追究处理遵循以下原则：

（一）制度面前人人平等的原则。责任追究，要一视同仁、平等相待，任何单位和个人不得搞特权。

（二）实事求是的原则。以事实为依据，以法律、法规、标准、制度为准绳，客观公正地追究责任。

（三）"谁主管、谁负责"，"谁审批、谁负责"，"谁签字、谁负责"的原则。发生责任事件后，要按照安全生产"一岗一责制"的要求，追究有关单位领导、职能部门和相关责任人的责任。

（四）"四不放过"的原则。事故及违章处理要做到原因不查清楚不放过，有关人员没有受到教育不放过，防范措施未落实不放过，责任人未严肃处理不放过，确保处理责任人和教育广大职工相结合、查处违章与预先防范相结合。

第四章　问责处罚

第四条　违反中石化安全生产禁令、西北油田分公司安全生产禁令，按禁令规定进行问责处理。在生产经营活动中，因未落实安全生产职责而发生生产安全责任事故的，按《西北油田分公司生产安全事故行政责任追究规定》追究其责任。禁令以外未造成严重后果的违章指挥、违章操作、违反劳动纪律的行为，按《西北油田分公司员工违章违规安全问责管理规定》问责处理。安全生产中存在的"低老坏"现象，按照此问责实施细则进行处理。承包商违反相关安全管理规定，按分公司《西北油田分公司承包商违规违章问责管理规定》进行问责处理。

第五条　员工初次违反生产安全管理制度，由所属单位对员工进行批评教育，并在单位内部月度考核中体现；同类问题重复出现，由所属单位内部月度考核中加倍体现，同时扣除所属单位月度安全考核1分/人；同类问题出现3次，对员工进行离岗培训，直至培训合格方可上岗，同时扣除所属单位月度安全考核2分/人。

第六条　厂属各分队、站被下达工作联络单、整改通知书和督察令后，按照《塔河采油一厂安全监督管理办法》执行。

第五章　附则

第七条　本规定由质量安全环保科负责解释。
第八条　本规定自发布之日实施。

附录 G：

塔河采油一厂安全监督管理办法

一、总则

第一条　为加强塔河采油一厂安全生产监督管理，明确安全生产责任，落实问责制，有效预防和防止各类安全环保事故的发生，特制定本监督管理办法。

第二条　本办法适用于塔河采油一厂属各单位、科室以及辖区内各承包商。

二、职责

第三条　生产运行科安全职责：

1. 贯彻执行国家有关安全生产的法律、法规和集团公司"安全第一，预防为主，全员动手，综合治理"的安全生产方针，严格遵守集团公司安全生产禁令，以及人身安全、防火防爆、车辆安全等十大禁令，严格遵守安全生产各项规章制度；

2. 组织实施地面作业施工工作，对工程安全、环保、质量进行跟踪监控，全面负责施工工程的安全管理，确保作业及工程施工优质高效；

3. 负责油田集输系统、天然气处理系统的安全运行管理工作；

4. 承担电力供应、集输管网维护、道路维护等维护性作业安全管理工作，定期开展检查；

5. 负责采油厂所属车辆的运行调度及交通运输安全管理工作；

6. 负责防洪防汛管理工作；

7. 在采油厂应急领导小组领导下，做好油田应急管理工作，组织好突发事件的应急处置工作；

8. 负责采油厂采油气井的井控管理工作，针对采油厂井控管理工作中存在的问题，制定解决方案或提出整改意见；

9. 完成上级领导交办的其他安全工作。

第四条　质量安全环保科督察职责

1. 在采油厂HSE委员会领导下，对采油厂安全管理进行督察、问责；

2. 负责制定或修订安全生产、环境保护等规章制度，并对制度、规程的贯彻进行督察；

3. 负责各类井下作业、地面工程、检维修等施工作业的安全环保督察工作，对存在的安全隐患及问题提出整改意见，督促和检查安全隐患整改情况，及时制止现场"三违"行为；

4. 负责现场消防、气防、防雷、防静电等安全设施的检测校验工作；

5. 负责压力容器的全检、年检及安全附件的校验工作；

6. 负责工业用火、进入受限空间、破土等作业票作业项目的安全审批工作；

7. 负责环境污染治理、钻后治理、环保设施建设等项目的全程管理工作；

8. 负责对督察问题、事故隐患、"三违"现象进行问责，并对安全环保方面进行考核；

9. 负责HSE体系日常管理及督察工作；

10. 负责定期组织职业卫生健康体检及采油厂清洁生产审核工作；

11. 负责组织采油厂节前检查及专项检查；

12. 负责车辆保险、驾驶员年度审验等工作，负责交通运行安全管理的督察工作；

13. 负责组织应急预案的修订及演练开展情况的督察工作；

14. 完成上级领导交办的其他安全工作。

第五条　设备物资科安全职责

1. 贯彻国家、上级领导部门关于设备设计、制造、检修、维护保养及施工方面的安全规定和标准，做好主管业务范围内的安全工作；

2. 严格执行《仓库安全管理制度》，建立健全物资安全保障制度，负责采油厂大库的安全管理；

3. 负责危险化学品贮存、运输的安全管理，根据物料特点分区、分类、分库储存；

4. 负责各类劳动防护用品保管和按标准及时发放；

5. 负责设备事故的调查处理工作，对本单位所发生的事故，要及时查明原因，分清责任，按规定写出事故报告报事故主管部门；

6. 负责采油厂应急、抢险物资采购、调拨、储备、维护保养等工作；

7. 负责采油厂计量仪器、仪表的定期校验和管理工作；

8. 负责监督排查设备安全隐患，对存在重大问题的设备要及时组织维修。

9. 完成上级领导交办的其他安全工作。

第六条 油田开发研究所安全职责

1. 在符合安全规范、制度的情况下，负责制定井下作业地质方案、施工方案；

2. 负责对各类施工作业方案、设计的初步审核，从源头杜绝安全隐患；

3. 负责组织井控新技术、标准规范的引用和实施；

4. 参与井控技术标准规范的制定和完善工作；

5. 完成上级领导交办的其他安全工作。

第七条 井下作业项目部安全职责

1. 按照采油厂年度油气开发部署要求制定井下作业设备年度及月度规划，组织和协调井下作业队伍，确保井下作业队伍数量满足油田开发要求；

2. 按照局、厂对井下作业的相关要求，编制井下作业管理相关办法，并负责实施；

3. 在采油厂井控领导小组领导下，负责井下作业井控管理工作；

4. 按照行业标准及局、厂相关标准负责井下作业开工、完工验收、井控设备安装及施工过程的现场协调、监督、检查工作；

5. 组织厂相关部门评审井下作业现场施工设计，使现场施工设计符合行业标准及局、厂相关标准及规范；

6. 完成上级领导交办的其他安全工作。

第八条　人力资源科安全职责

1．负责全厂职工取证统计工作，并根据安全监督部门要求，组织各类安全教育培训工作；

2．负责职工工伤界定、申报及赔付等工作；

3．配合安全监督部门做好问责处理的落实工作；

4．完成上级领导交办的其他安全工作。

第九条　其他科室安全职责

1．计划财务科负责落实重大安全、环保隐患的资金筹备；

2．党群办公室负责安全方针、政策、路线等安全工作的宣传，并对劳动纪律进行检查、处理、处罚；

3．行政办公室全面负责采油厂治安、保卫管理工作。

第十条　基层单位安全职责

1．全面负责本单位的 HSE 管理工作，负责组织的本单位安全、环保危险源辨识、风险评价，制定安全、防范措施；

2．负责建立健全安全环保管理机构，定期主持召开安全环保管理委员会会议，了解安全生产、环境保护及交通运输安全管理情况，解决安全生产、环境保护及交通运输安全管理中的机构、人员、事故隐患，整改重大问题，部署安全检查，组织或参与重特大事故的调查处理，对事故按"三不放过"原则进行查处；

3．组织本单位安全环保检查，认真履行职责，重视信息反馈，认真采取措施，整改和消除重大事故隐患，负责制定整改方案；

4．负责本单位库房安全管理，对危险化学品的储运管理；

5．负责各类安全环保、交通运输等文件的宣传和公布，加强人员安全教育、培训，对各类安全活动、学习的好的经验和做法的推广；

6．负责本单位采油（气）井、井筒内作业的现场井控管理；

7．负责直接作业环节的安全监护，根据危险源辨识，制定安全措施，消除安全隐患；

8．负责本单位电网维护、集输管网维护、原油、气装、卸等工作的安全管理；

9. 负责生产设备、设施、系统装置的隐患排查、维护保养；

10. 负责编制本单位应急预案，定期开展演练；

11. 负责各类生产、安全活动、环境保护、设备等方面的资料收集、整理；

12. 完成上级领导交办的其他安全工作。

三、督察与考核

第十一条　督察依据

1. 国家安全生产、环境保护相关法律法规及地方政府相关法律法规；

2. 石油石化等相关行业标准；

3. 集团公司、西北油田分公司、塔河采油一厂制定的安全生产、环境保护及交通运输等相关管理制度规定和作业标准。

第十二条　督察内容

1. 督察各单位、部门安全生产、环境保护、交通安全管理制度落实情况；

2. 油气生产现场、施工现场督察内容主要包括岗位人员劳动纪律、操作规程、禁令等规章制度的执行情况以及现场设施设备的安全状况等方面，提出问题监督整改；

3. 督察各类安全管理台账、记录及报表等资料；

4. 督察各单位、部门岗位安全环保责任制落实情况，上级安排的安全环保工作开展落实情况。

第十三条　督查方式

1. 针对门卫制度，规章制度执行情况、生产现场管理及档案管理，采取不定时不定点随机抽查的方式进行督察，每月对各单位督察次数不少于2次；

2. 消防器材、硫化氢检测仪等防护器材及各分队、站车辆管理，采取每月2次对各分队、站不定时不定点督察；

3. 对危险化学品管理，每月督察1次；

4. 对地面直接作业环节及井下修井作业施工作业现场安全管理及安全

防护措施落实情况，结合各分队、站作业频次，作业等级加强督察。

第十四条　督察问题整改

1. 一般性问题（班组自身解决的问题）责任单位接到工作联络单后 1 日内要求责任班组进行整改，由责任单位填写隐患整改反馈表，上报质量安全环保科；采油厂安全环保督察队接到反馈表后 3 天内对问题整改情况进行复检，存在问题进行闭合。

2. 分队协调解决的问题，责任单位接到整改通知书后 3 日内进行整改，由责任单位填写隐患整改反馈表，上报质量安全环保科；采油厂安全环保督察队接到反馈表后 3 天内对问题整改情况进行复检，存在问题进行闭合。

3. 采油厂部门协调解决的问题，责任单位接到整改通知书后 3 日内，制定存在问题防范措施，并上报质量安全环保科，主管部门根据存在隐患实际情况，由主管部门负责制定隐患治理计划时间安排，并协调解决。隐患治理完成后，由责任单位填写隐患整改反馈表，上报质量安全环保科；采油厂安全环保督察队接到反馈表后 5 天内对问题整改情况进行复检，存在问题进行闭合。

第十五条　督察通报。每日督察问题上传局域网（督查日报），督查通报分为三个等级：

（一）工作联络单：现场可进行整改的一般性问题；

（二）整改通知书

1. 施工作业现场井控、硫化氢等安全防护措施落实不到位的；

2. 用火作业、高处作业、进入受限空间等八项直接作业环节防范措施落实不到位的；

3. 乱排、乱放、乱挖等行为造成环境破坏和污染的；

4. 一般"低老坏"问题现场重复出现的；

5. 安全管理资料记录不全，造假的；

6. 存在其他安全隐患的违章违规行为。

（三）督察令和停工令

1. 违反分公司安全生产"十停工""十不准"条款之一的；

2. 严重违章违规或存在重大隐患有可能导致事故的；

3．工业用火、高处作业、进入受限空间等八项直接作业未办理审批手续的；

4．作业现场防范措施不落实、职责不明确，管理混乱的；

5．整改通知书无正当理由未按期整改反馈、逾期不整改或整改不彻底的；

6．严重违反西北油田分公司及采油厂相关安全环保管理制度的。

第十六条　安全环保考核。依据《塔河采油一厂生产经营绩效考核实施细则》与月度督察情况，对各单位进行考核，并在绩效考核中兑现。采油厂安全环保督察队下达一次整改通知书的，扣除责任单位月度安全考核 5 分；下达一次督察令，扣减责任单位月度安全考核 10 分；一年内下达三次督察令加倍扣减年度安全考核分并取消年度评优评先资格。

第十七条　按照"谁主管、谁负责"，"谁审批、谁负责"，"谁签字、谁负责"的原则，被局安全环保督察大队下发工作联络单、整改通知书和督察令的，按照《西北油田分公司生产安全事故行政责任追究规定》、《西北油田分公司员工违章违规安全问责管理规定》和《塔河采油一厂HSE 问责细则》对相关单位和责任科室进行问责。被下达一次整改通知书的，扣除责任单位科室月度安全考核 5 分；被下达一次督察令，扣除月度安全考核 10 分。一年内下达三次督察令加倍扣减年度安全考核分并取消年度评优评先资格。

四、奖罚、问责

第十八条　奖励与处罚

1．依照分公司《安全环保有奖举报制度》和采油厂《隐患举报奖励制度》对举报重大安全环保隐患、事故的个人或单位进行奖励。

2．依照分公司《西北油田分公司承包商违章问责规定》、《西北油田分公司员工违章违规安全问责管理规定》、《违规惩处管理规定》和《塔河采油一厂员工违章违规安全问责实施细则》对督查或举报的问题及事故进行问责，并进行月度通报。

五、附则

第十九条　本管理办法自发布之日起执行。

第二十条　本管理办法由安全生产委员会负责解释。

六、附件

1. 塔河采油一厂督察大表
2. 塔河采油一厂工作联络单
3. 塔河采油一厂隐患整改单
4. 塔河采油一厂督查令或停工令

附录 H：

塔河采油一厂"先锋讲坛"培训活动
管理业务指导书

为进一步提升先锋采油厂的"软实力"和品牌价值，打造我厂职教培训工作的新名片，充分发挥和调动三支序列高级别人才的积极性，提高广大干部职工的业务水平和整体素质，推动我厂教育培训工作深入开展，采油厂决定在全厂范围内开展"先锋讲坛"培训活动。特制定本业务指导书。

一、活动目标

（一）进一步解放思想、转变观念。使教育培训成为各部门、单位促进管理，提高员工素质的必要保障，在科技进步、人才培养、素质提升等方面发挥显著作用，营造"处处有培训，时时要培训，人人爱培训"的良好氛围。

（二）进一步完善我厂培训培养体系，营造相互学习、共同提高的学习氛围，使送外培训能够充分发挥资源共享的作用。

（三）继续锤炼广大干部职工的心理素质和应变能力，同时努力发掘优秀教培人才。通过"先锋讲坛"活动，组建起一批具有我厂特色的教培队伍。

（四）使参加培训、接受教育、交流学习成为大家的兴趣爱好，为大家业余生活提供有益的补充。

二、活动组织机构

成立活动领导小组，负责检查、指导"先锋讲坛"培训工作，推动活动长期有效开展。

组　　长：赵普春　张春冬

副组长：邢　静　蒋　勇　李新勇　马洪涛　乔学庆

成　员：易　斌　王志坚　龚建新　郭小民　杨　旭

　　　　杨　伟　李学仁　张瑞华　王　超　罗得国

　　　　刘培亮　王海峰　姜昊罡　何世伟　黄江涛

　　　　蔡奇峰　钱大琥　胡岐川

"先锋讲坛"培训活动办公室设在人力资源科，主要负责需求调查、制定培训计划、组织协调、开展实施、培训费用管理、培训台账记录和培训总结编写等工作。

三、活动组织形式

（一）培训授课人员

1. 三支序列高级别人才队伍：经营管理序列指厂领导、副总工程师、各业务科室负责人及相关人员；专业技术序列指油田开发研究所所领导及各项目组负责人，分队、站技术负责；技能操作序列指分公司聘用的技师和高级技师。

2. 外派参培人员。

3. 外聘讲师。

（二）培训时间安排

经营管理序列定于每季度第一个月授课；专业技术序列定于每季度第二个月授课；技师团队定于每季度第三个月授课。

外培返厂人员和外聘人员授课根据实际情况随机安排。

（三）培训形式

主讲者可以任选多媒体教学、案例讨论、情景模拟、角色扮演、小组活动、双向互动等多种形式，提高培训效果。

（四）培训内容

培训模式力求全面开放，以贴近实际、贴近工作为主旨。培训内容从专业技术、操作技能、管理能力、岗位认知等方面，力求覆盖全厂所有业务。

四、培训要求

（一） 主讲者根据培训计划，应提前做好准备工作，选定合适的培训方式，确保培训内容的准确性，并提前3天将培训简述（包括培训内容、培训形式）报送人力资源科。

（二） 经营管理序列人员讲课侧重所管辖的业务范围内的业务知识的讲授。

（三） 专业技术序列人员讲课由油田开发研究所负责安排具体人员及讲课内容，对于讲课优秀，反应良好的，将作为采油厂重点技术人员进行培养，并优先考虑外派参培。

（四） 高级技师、技师讲课由相关单位上报讲课内容，为充分发挥采油厂技师的资源优势、调动其积极性，授课情况将作为高级技师、技师传授技艺方面的一项重要指标在年度聘任及考核中进行考评。

（五） 为鼓励主讲者及广大干部职工参与的积极性，将培训活动开展情况作为基本功训练月度考核的一个方面。在培训活动中，对组织得力、参与积极的部门，单位给予1-2分的加分。对不重视、组织不力的部门，单位给予1-2分的减分。

五、培训费报销程序

（一） 备案

凡是需报销培训费的外派参培人员，外出前需持培训通知文件到人力资源科培训管理人员处备案，否则不予报销培训费用。

（二） 返厂授课

1. 外培人员返厂后及时整理有关讲义、资料等，有针对性地准备好讲课内容，并经单位（部门）主要负责人审核，在全厂范围内授课需经厂主管领导审核。

2. 外培人员向人力资源科递交《外派参培人员返厂授课申请表》(见附

表 H-1)，确定时间、地点、参加人员，全厂范围讲课由人力资源科进行组织，单位（部门）内部讲课由各单位进行组织，并报人力资源科备案。

3. 主管厂领导签字认可的不需返厂授课的培训项目除外（在培训通知文件上签字说明）。

（三）报销

返厂授课完成后，人力资源科负责人在培训通知文件上签字确认后方可到财务科报销培训费用。

六、授课质量评价及课时费标准

1. 授课质量评价

每次培训授课对象需对讲授人进行授课质量评价，并填写授课质量评价表（见附表 H-2）。人力资源科负责汇总，以此确定讲授人的授课质量，并按规定发放课时费。

2. 课时费标准

见附表 H-3，H-4。

附表 H-1　外派参培人员返厂授课申请表

申请人		所在单位		申请时间	
外培时间		外培地点			
授课时间		授课地点			
授课方式		参加人员			
授课 主要 内容 简介					
所在 单位 意见					
人力资源 科意见					
主管领导 意见					

注：此表由授课人员填写，人力资源科存档。

附表 H-2 "先锋讲坛"授课质量评价表

学员姓名		学员所属单位	
评价讲师姓名		培训项目	
评估项目	最低分特征	得分 (1 → 10 分表示最差→最好)	最高分特征
1.参加本次培训,您的收获大小程度	基本无收获	(1)(2)(3)(4)(5)(6)(7)(8)(9)(10)	收获很大,超出预期目标
2.课程准备的充分程度	准备不充分,对课程不熟悉,不系统,杂乱无章	(1)(2)(3)(4)(5)(6)(7)(8)(9)(10)	准备非常充分,对课程很熟悉,具系统性,条理清晰
3.授课讲师的讲义质量	内容空洞、调理不清晰,内容深度把握不准,学员理解困难	(1)(2)(3)(4)(5)(6)(7)(8)(9)(10)	讲义制作精良,内容深度适中、条理分明,与企业实际结合紧密。
4.授课讲师仪表及精神面貌	精神面貌很差,对参加培训人员产生负面影响	(1)(2)(3)(4)(5)(6)(7)(8)(9)(10)	仪表得体,精神面貌上佳,能积极影响参培人员
5.授课讲师的专业度	专业知识欠缺,不能举一反三,未结合实际情况作出相关讲解	(1)(2)(3)(4)(5)(6)(7)(8)(9)(10)	专业知识丰富,答疑能力、解答准确合理
6.对课程内容的满意程度	课程内容对培训需求无针对性,与培训主题无关,满意度低	(1)(2)(3)(4)(5)(6)(7)(8)(9)(10)	课程内容完全针对培训需求,紧扣培训主题,满意度高
7.授课讲师的表达能力	口齿不清,语言交流有障碍,无辅助性身体语言	(1)(2)(3)(4)(5)(6)(7)(8)(9)(10)	口齿清晰,语言流利,辅助身体语言丰富且有帮助
8.课堂讲述的精彩程度	课堂讲述伐善可陈,欠缺培训技巧,没有吸引力	(1)(2)(3)(4)(5)(6)(7)(8)(9)(10)	课堂讲述非常精彩,培训技巧高,具有很强吸引力
9.您对培训课程的接受程度	接受很差,对课程不清楚,仍然存在培训需求	(1)(2)(3)(4)(5)(6)(7)(8)(9)(10)	很有收获,对课程清晰明了,很大程度满足了培训需求
10.本次培训对实际工作的指导作用	对实际工作无指导作用	(1)(2)(3)(4)(5)(6)(7)(8)(9)(10)	对实际工作非常有帮助
总体评价（总分）	授课讲师准备不够充分,课堂讲述很差,很难接受,培训效果很差		授课讲师准备充足,课堂讲述非常精彩,易于接受,培训效果很好

附表 H-3　聘请外部讲师课时费标准

序　号	人　员	课时费 (元／课时)
1	知名学院教授	500–800
2	一般学院教授	350–450
3	企业、研究机构中、高级工程师	280–380
4	行业培训机构讲师	260–360

附表 H-4　内部授课课时费标准

授课质量	一般 (60–75 分)	良好 (76–89 分)	优秀 (90–100 分)
课时费 (元／课时)	200	230	260

每课时按 1 个小时计算，课时费包括课件制作费。

备注：本厂厂领导不发放课时费。

附录 I:

塔河采油一厂"属地管理、直线责任"业务指导书

一、总则

为落实领导干部 HSE 责任,促进基层单位落实属地管理责任和直线管理责任,及时发现和消除 HSE 问题隐患,在全厂范围内达到人人参与生产管理,个个肩上有安全责任的良好管理氛围,同时使 "属地管理、直线责任" 辐射全厂,提升 HSE 管理水平,特制定本业务指导书。

二、适用范围

本业务指导书适用于塔河采油一厂属各单位、部门及各承包商。

三、编制依据

《西北油田分公司生产安全事故行政责任追究规定》

《西北油田分公司员工违章违规安全问责管理规定》

《西北油田分公司承包商违章问责规定》

《塔河采油一厂HSE 问责细则》

《关于开展领导干部 HSE 管理承包工作的通知》

《塔河采油一厂正激励管理实施方案》

四、责任追究原则

1. 制度面前人人平等的原则。责任追究,要一视同仁、平等相待,任何单位和个人不得搞特权。

2. 实事求是的原则。以事实为依据,以法律、法规、标准、制度为准绳,客观公正地追究责任。

3. "谁主管、谁负责","谁审批、谁负责","谁签字、谁负责"的原则[谁主管的业务范围,谁对此项业务的质量安全环保负责(包括设计、施工、质量、验收等全过程)、谁审批的项目,谁对该项目的质量、安全、环保负责、谁签字确认的落实措施,谁对该措施的质量、安全、环保负责]。发生责任事件后,要按照安全生产"一岗一责制"、"直线管理,属地管理"的要求,追究有关单位领导、职能部门和相关责任人的责任,横向到边,纵向到底,体现"管业务,管安全"的要求。

4.全面覆盖原则:采油厂各单位、各部门及各承包商,重点场站、重点井下作业、测井和测试作业承包商达到管理责任全面覆盖,无遗漏。

五、名词释义

1.属地管理:就是谁的地盘,谁管理;是谁的施工区域,谁管理;是谁的生产经营管理区域,谁就要对该区域内的 HSE 管理工作负责,落实"每个领导对分管领域、分管业务、分管系统的 HSE 管理工作负责"。根据采油厂领导班子成员职责分工,相关领导负责本属地内的 HSE 管理工作。

2.直线责任:直线责任指各级主要负责人要对 HSE 管理全面负责,分管领导对分管工作范围内的 HSE 管理工作直接负责,机关部门对部门分管业务范围内的安全工作负责,以此做到一级对一级,层层抓落实,做到"谁组织谁负责、谁管理谁负责、谁执行谁负责"。

3.分级承包:厂领导承包二级单位,厂副总及各科室领导协助采油厂领导承包二级单位,体现"管业务,管安全"、"一岗双责"的原则,同时主管井下作业、测井、测试的厂领导及部门领导,同时承包相应的重点井和井下作业公司、测井公司项目部。

4.事件责任追究:承包单位、场站、单井发生质量、安全、环保事故事件及违章违规事件,承包责任人负连带责任。

六、检查问责

1.责任领导及科室部门的检查以《塔河采油一厂HSE 职责及责任汇编(2012)》为依据,问责由 HSE 管理科出具问责意见,经采油厂安全委员会讨论决定。

2.二级单位(各采油队、站、所)的检查问责按照《塔河采油一厂安全监督管理办法》执行。

3.承包商的检查以国家、自治区、集团公司、分公司及采油厂的各项标准、制度及规定为依据,问责按照《西北油田分公司承包商违章问责规定》执行。

七、奖励机制

1. 对分队站和机关办公室人员提出或解决的问题按照《塔河采油一厂正激励管理实施方案》进行积分奖励。

2. 对承包商的奖励有各主管办公室年底进行分类评优,落实奖励办法和资金,安全管理委员会讨论通过后实施。

八、本业务指导书自发布之日起执行。

九、本业务指导书由采油厂安全委员会负责解释。

附录 J：

塔河采油一厂 HSE 激励试行方案

1 基本要求

1.1 为进一步规范和完善塔河采油一厂 (以下简称：采油厂)HSE 激励机制，鼓励广大员工自觉履行安全职责，全面推动采油厂安全文化建设，根据《关于试行〈西北石油局、西北油田分公司 HSE 激励若干规定 (试行)〉的通知》要求，并结合采油厂实际，特制定本方案。

1.2 采油厂 HSE 激励是对采油厂各单位、部门及员工在 HSE 工作中取得的成绩，做出的贡献予以的激励，目的是全员参与，鼓励员工自觉履行安全职责，消减作业现场风险，杜绝各类事故发生。

1.3 对单位 HSE 激励采取"里程碑管理"激励方式。"里程碑管理"激励是指采油厂按季度对各单位实现阶段性 HSE 管理目标给予的奖励。

1.4 对员工采取"HSE 积分激励"与突出贡献激励两种方式。"HSE 积分激励"是指员工积极发现、解决问题等获得"HSE 积分"予以的奖励；突出贡献激励是指员工及时发现并消除重大事故隐患等做出突出贡献的激励。

1.5 本方案适用于采油厂各单位、部门及全体员工 (含油田专业化服务人员)。

2 组织机构与职责

2.1 成立 HSE 激励领导小组

组　　长：赵普春　张春冬

副组长：邢　静　蒋　勇　李新勇　马洪涛　乔学庆

成　　员：易　斌　王志坚　龚建新　杨　旭　郭小民

　　　　　何小龙　罗得国　刘学子　杨　伟　李学仁

张瑞华　王海峰　姜昊罡　何世伟　黄江涛

蔡奇峰　钱大琥　胡岐川　王　超

2.2 HSE激励领导小组负责审批HSE激励"里程碑管理"管理目标，并组织实施；负责采油厂HSE激励"里程碑管理"管理目标考核，并对实施过程进行监督检查；负责组织"安全卫士"评选；负责监督指导HSE激励运行体制的建立、运行，并制定积分奖励标准；负责审批员工HSE激励奖励。

2.3 HSE激励领导小组办公室在质量安全环保科

办公室主任：王超

办公室副主任：蒋群 安永福

2.4 领导小组办公室负责HSE未遂事件、事故隐患、建议措施、HSE技术管理革新、安全荣誉、应急抢险突出贡献等信息的统计、核实；负责建立、更新员工HSE积分档案，并组织开展积分奖励；负责建立、更新各单位里程碑管理档案；编制季度《里程碑管理实施计划表》，并对现场进行监督检查；负责每月审核、汇总员工HSE积分和单位里程碑管理，报领导小组审批；负责更新、维护HSE激励管理数据平台。

2.5 HSE激励领导小组办公室联系电话：4688099、4688078、4688061。

3　激励方式及处理程序

3.1　"里程碑管理"

3.1.1　"里程碑管理"是指杜绝各类低、老、坏问题的阶段目标，根据采油厂《安全里程碑管理实施计划表》逐步实施。里程碑管理分为月度考核和季度总结，季度总结主体对象为各基层单位，月度考核主体对象为员工个人，两者同时执行，共同激励，以提高管理效果。

3.1.2 领导小组每季度最后一个月25日发布下一个季度的《里程碑管理实施计划表》。

3.1.3　"里程碑管理"考核满分为100分，采取减分制。一周期内考核合格得满分，凡发现里程碑目标未达标及出现虚报、谎报HSE激励信息的，发现一次扣除当月考核分 1 分，凡接到隐患整改通知单或督查令的按照以下方式处理：

3.1.3.1 凡接到采油厂下发厂级隐患整改通知单的，扣除当月里程碑考核分 2 分；

3.1.3.2 凡接到采油厂下发厂级督查令或上级部门隐患通知单的，扣除当月里程碑考核分 5 分；

3.1.3.3 凡因工作失误造成责任事故或接到上级部门督查令的，当月里程碑考核分清零。

3.1.4 "里程碑管理"考核要求

3.1.4.1 相同内容现场检查应保证各单位站点次、频次、比例基本一致。

3.1.4.2 查出问题由检查人员现场出具相应单据，由双方签字确认后生效。

3.1.5 "里程碑管理"激励

3.1.5.1 每月完成"里程碑管理"目标并积满分的单位，按照《塔河采油一厂HSE里程碑管理奖励办法》对每位员工进行 200 元/人绩效激励。

3.1.5.2 每季度由领导小组核查得分情况，按照各单位得分进行排名。排名前三名的单位，分别给予 1000 分、800 分、500 分 HSE 激励积分，用于兑换激励奖品。

3.1.5.3 "里程碑管理"全年得分低于 1000 分或年度收到采油厂下发厂级督查令 2 份及以上的，取消年终各类先进单位参评资格。

3.1.5.4 各单位"里程碑管理"排名作为年度评先依据，排名高者优先推荐采油厂安全生产先进单位，并推荐参与分公司级安全生产先进单位评选。

3.1.5.5 各单位全年在安全环保、生产运行、装置设备、采油气及井下作业井控、交通运输、基地安全各领域完成里程碑目标或达到零责任事故目标，对本单位各领域负责人和生产骨干予以激励。

(1) 厂领导风险责任与领导分管业务挂钩；

(2) 副总风险责任与具体协管业务挂钩；

(3) 科室风险责任与主管业务挂钩；

(4) 队（站）长风险责任与队（站）业务挂钩；

(5) 安全员、班组长、调度风险责任与主管业务挂钩；

该项积分激励每年兑换一次，12 月 31 清零；积分奖励最低 0 分，最高 5000 分，分配明细参考全年个人考核情况，年底最后一次安全管理委员会讨论决定后生效。

3.2 HSE 积分

3.2.1 员工有下列情况之一的，采油厂予以员工 HSE 积分激励：

3.2.1.1 及时发现或解决生产、生活、交通运输管理过程存在的隐患；

3.2.1.2 及时发现、制止偷盗、破坏油田设备、设施的；

3.2.1.3 及时制止、纠正或举报"三违"现象；

3.2.1.4 及时发现和制止偷排、乱排各类废弃物造成环境污染的；

3.2.1.5 及时报告未遂事件的；

3.2.1.6 技术革新、小改小革等解决 HSE 管理中薄弱环节的；

3.2.1.7 在技术、管理革新中解决 HSE 管理中薄弱环节，获得分公司奖励或相关专利的；

3.2.1.8 发现并解决专业化服务队伍管理中的薄弱环节，及时发现并杜绝各类生产事故隐患。

3.2.2 员工对发现的各类危害（隐患）、未遂事件可上报至本单位、部门，经审核后报领导小组办公室，也可直接上报至领导小组办公室，危害（隐患）上报格式按照附表 J-1 填报，未遂事件上报格式按照附表 J-2 填报。

3.2.3 按照《关于成立塔河采油一厂 HSE 检查组的通知》要求，各专项检查组在检查中发现问题并落实整改的，由领导小组办公室确认后按照重大、较大、一般性问题分别积 50、30、20 分。

3.2.4 对"三违"现象，员工可直接以电话、邮件、面谈等多种形式上报。

3.2.5 对各类危害（隐患）、"三违"事件经核实无误后，依据《采油厂员工积分激励计分标准》对相关人员进行积分激励，为体现内部、外部问题及深层次和一般性问题的区别，积分按照以下原则执行：采油队内部的深层次问题，如管理上的薄弱环节、队伍建设上合理化建议、"三违"事件、增产增效的安全管理创新等按 100% 比例积分；对外部的或者一般性问题，如对施工单位现场发现的相关问题、专业化服务队伍中出现的问题以及诸如跑、冒、滴漏等问题、按照 60%、50%、40% 比例积分 (厂督察队、修井监督等专职人员上报问题积分减半)。

3.2.6 对上报问题暂无法完成整改的项目,应制定防范措施,经相关单位、部门协调后,在全厂范围内予以通告说明原因。

3.3 安全卫士

3.3.1 采油厂每季度组织一次"安全卫士"评选活动,各单位、部门推荐一人参选,参选人员应为各单位、部门 HSE 积分最高者,参选人员由领导小组办公室汇总后,报 HSE 激励领导小组审批,审批结果在采油厂厂网上进行公布。

3.3.2 获得采油厂"安全卫士"称号的员工推荐参加局、分公司"安全卫士"评选活动。

3.3.3 连续三季度获得采油厂"安全卫士"称号的员工优先推荐年终各类先进评选。

3.4 安全超市

3.4.1 安全超市设置在 HSE 激励网页 (网址:10.16.160.26)。

3.4.2 每季度末员工可按照自己的积分选择相应物品,到领导小组办公室进行兑换。

3.4.3 质量安全环保科负责设立 HSE 激励基金及奖品采购、储存、兑换,并负责奖品信息的更新和发布。

3.4.4 奖品采购、储存、兑换过程采取公开透明的方式,接受厂属任何单位、部门及个人的监督。

3.5 员工"突出贡献激励"

3.5.1 员工有下列情况之一的,采油厂予以员工 HSE 突出贡献激励:

3.5.1.1 及时发现并正确处理生产过程的重大安全风险隐患 (火灾、爆炸、井喷、硫化氢中毒、重大油气污染、恐怖袭击等),避免事故发生的;

3.5.1.2 及时发现并正确处理生产过程中发生的初期事故 (初期火灾、油气泄漏、硫化氢逸散等),避免事故扩大的;

3.5.1.3 及时发现并制止偷排危险废液、固体废弃物等,避免采油厂声誉受损的;

3.5.1.4 在事故抢险中有突出贡献的。

3.5.2 各单位、部门对符合"突出贡献激励"条件的员工上报汇报材料及相关事迹书面材料至领导小组办公室。

3.5.3 领导小组办公室人员会同相关单位、部门对各单位、部门上报的员工 HSE 突出贡献事迹材料进行核实,符合条件的提交采油厂安委会审批,讨论相关激励事宜并予以办理。

4 相关要求

4.1 由于采油厂点多、面广,为提高正激励活动在岗位员工中的覆盖面及实施过程中的可操作性,HSE 积分管理实行月上报制,各队、站经严格审核后于每月 28 日前上报至质量安全环保科,审核后予以积分。

4.2 本着鼓励先进的原则,对月度表现好的职工,充分利用厂主页,HSE 激励平台,主楼电子屏等多种方式进行宣传,提高知名度。

4.3 如果积分有异议或者其他不确定事件,管理办公室负责解释、协调解决。

4.4 本方案中 1 分兑换为人民币 1 元。

4.5 本方案从发布之日起进行试运行,半年后由质量安全环保科负责组织协调修订。

附表 J-1　塔河采油一厂危害（隐患）报告表

_____　报告表

报告单位：（盖章）

上报人		地点	
上报时间	年　月　日	队领导 确认签字	
现场描述			
可能造成的危害			
现有措施			
建议措施			
备注			
领导小组 办公室批复			

注：1.各单位每月 28 日前上报当月发现的隐患；

　　2.同一隐患、问题由多人发现的，积分平均分配；

　　3.上报隐患不明确的，计零分。

附件 J-2 塔河采油一厂未遂事件报告卡

	未遂事件报告卡	
时间：		日期：
地点：		
发生单位、部门：		
未遂事件经过：		
处置实施或建议：		
报告人姓名：		
部门：		
联系方式：		
调查人员：	部门：	
日期：		

事件名称:	
潜在后果:	事件级别:□一般　□高危
事件分类:	
事件原因:	
防范措施: 1. 2. 3.	
责任人:	完成期限:
防范措施验证:	
验证人:	日期:

附录K：

塔河采油一厂代运行单位安全生产监督管理办法

第一章 总则

第一条 为规范代运行单位的安全管理，减少事故和损失，提高塔河采油一厂代运行单位的安全管理水平，制定本规定。

第二条 本规定适用于塔河采油一厂各代运行单位。

依据：《西北分公司安全生产监督管理制度》

《关于规范代运行单位安全管理体系的通知》

第二章 组织机构及职责要求

第三条 各代运行单位按照西北分公司和采油一厂相关安全环保管理规定，结合本单位实际情况，成立以经理为第一责任人的安全环保管理组织机构，设置专职安全员岗位，制定本单位各项安全环保管理规定及相应台帐，根据各单位代运行岗位的不同制定相应岗位安全职责。

第三章 安全检查制度

第四条 所有塔河采油一厂的代运行单位均应接受塔河采油一厂质量安全环保科以及各分队（站、所）的安全检查，做好配合工作，遵守《塔河采油一厂安全检查制度》。

第五条 建立检查考核制度，制定本单位《安全环保检查、考核标准》，严格按照检查内容进行检查考核，每月至少进行一次现场安全自检、自查，并将检查、考核结果报质量安全环保科备案。

第六条 质量安全环保科每月组织一次对代运行单位的安全检查，对检

查中发现的问题,下达整改通知书,限期进行整改。

第四章　代运行单位安全生产的监督

第七条　塔河采油一厂的代运行单位必须严格遵守西北分公司(局)以及塔河采油一厂安全生产的各项规定和制度,严格按与塔河采油一厂签定的合同抓好安全生产,并接受塔河采油一厂安全部门以及各分队(站、所)的监督。

第八条　严格执行持证上岗制度,每季度由各代运行单位向质量安全环保科和人力资源科上报采油工、硫化氢防护、井控操作证、锅炉工、电工等操作证的持证情况。

第九条　代运行单位每季度向质量安全环保科上报安全环保季度总结。

第五章　代运行单位安全业绩考核与奖罚

第十条　代运行单位年初与塔河采油一厂签定安全生产目标责任书,并按照人员总数缴纳500元/人的安全风险保证金,塔河采油一厂年终对照安全生产目标责任书对代运行单位进行全面考核。

第十一条　代运行单位在安全生产中存在以下问题,采油厂经过确认后将视情节轻重按比列扣除安全风险保证金。

1.安全机构不健全,安全管理不到位,一岗一责制落实不到位(扣除本单位安全风险保证金的5%);

2.安全培训、H_2S防护及应急演练不到位、持证上岗率少于100%(扣除本单位安全风险保证金的10%);

3.发生违章行为、违章未遂事件(发生一次扣除本单位安全风险保证金的15%);

4.发生一般以下事故或发生一般以下事故隐瞒不报的(发生一次或隐瞒不报一次扣除本单位安全风险保证金的30%);

5.发生一般以上事故(发生一次扣除本单位全部安全风险保证金),并

视情节轻重进行停工整顿、直至取消代运行资格的处罚。

第十二条　采油厂年终将按照对代运行单位的考核结果进行综合评比，对获得年度安全生产先进单位的代运行单位，将予以表彰和奖励。

第六章　附则

第十三条　本规定自 2006 年 2 月 1 日起执行。

第十四条　本规定解释权在塔河采油一厂质量安全环保科。

参考文献

[1] 王春雷. 建立 HSE 培训矩阵,有效提升 HSE 培训质量 [J]. 中国西部科技, 2013(1): 60–62.

[2] 刘陵彬. 企业文化在二维矩阵管理模式中的应用 [J]. 国际石油经济, 2002, 10(9): 44–46.

[3] 山河. 日本大企业的 "5S" 管理 [J]. 中国市场, 2003(1): 54–55.

[4] 沈建农. 浅析 5S 管理及在我国企业中的运用 [J]. 经营管理者, 2012(14): 96–100.

[5] 也可亚江买买提. 安全目视化管理 [J]. 中国石油和化工标准与质量, 2013(7): 192.

[6] 都书海. 工作安全分析在管理实践中的应用 [J]. 中国安全生产科学技术, 2011(7): 204–208.

[7] 刘杰. 工作安全分析 (JSA) 模式在施工现场实践研究 [J]. 中国安全生产科学技术, 2011(9): 190–194.

[8] 郭亮. 正激励和负激励的应用 [J]. 企业研究, 2010(3): 72–73.

[9] 王立志,韩福荣. 综合评价系统中数学模型的应用 [J]. 北京工业大学学报, 1995, 21(4): 39–45.

[10] 西北石油局,西北油田分公司. 西北石油年鉴 2010[M]. 乌鲁木齐:新疆人民出版社, 2010.

[11] 西北石油局,西北油田分公司. 西北石油年鉴 2011[M]. 乌鲁木齐:新疆人民出版社, 2011.

[12] 西北石油局,西北油田分公司. 西北石油年鉴 2012[M]. 乌鲁木齐:新疆人民出版社, 2013.

[13] 西北石油局,西北油田分公司. 西北石油年鉴 2013[M]. 乌鲁木齐:新疆人民出版社, 2013.

[14] 《中国石油化工集团公司年鉴》编委会. 中国石油化工集团公司年鉴 2012[M]. 北京:中国石化出版社, 2012.

[15] 《中国石油化工集团公司年鉴》编委会. 中国石油化工集团公司年鉴 2013[M]. 北京:中国石化出版社, 2013.

[16] 赵普春. 油公司模式下采油厂的安全管理探索 [J]. 环境、安全和健康, 2014, 14(7): 52–54.

[17] 张鹤鹏,范岩俊. 浅谈油田基层单位安全文化建设 [J]. 安全、健康和环境, 2013, 13(增 1): 3–4.

[18] 范岩俊. 油气井远程监控和数据采集系统建设的必要性探讨 [J]. 安全、健康和环境, 2013, 13(增 1): 64–65.

[19] 游玮琛. 模糊综合评价法在联合站安全评价中的应用 [J]. 安全、健康和环境, 2013, 13(增 1): 114–117.